HOW FUN！

▶ 如何爽當YouTuber

一起開心拍片接業配！

HowHow 陳孜昊 著

高寶書版集團

推薦序 How 一個梗王

Julia Ho（李奧貝納股份有限公司 資深業務經理）

什麼？要我寫序？可……可惡，難道換我被業配了嗎？（笑）

從 2015 年到現在，認識 HowHow 其實一段時間了，相信和許多人一樣，知道他是因為看到他拍的幼稚園畢業短片，很難想像在那個連 YouTuber 這個詞都還很新的時空背景，一轉眼 YouTuber 已變成很多學生的未來志願了（如果你的夢想正是 YouTuber 那你絕對要拜讀這本書）

還記得第一次和 HowHow 合作，客戶希望能推派一位代表台灣三星的 YouTuber，到紐約與其他國家的高手們一起切磋一起拍片，坦白說這是一個極具挑戰的合作，參與者必須要能在短時間內完成多支影音創作。在接到這個任務後，我翻遍網路找尋合適人選，就在無意間我挖掘到了這位大男孩，我邊看邊笑他拍攝的惡搞短片，心想這個作者很特別，會導也會剪（輯）題材幽默又

到位，我開始好奇翻閱著他以前的影音作品，發現他根本是一位鬼點子爆多的冷面笑匠，當下就決定要把他推薦給客戶，至今還是很感謝三星客戶相信我們推薦的人選，促成了第一次的業配合作！

說到業配，市場上很多人都在操作，在這講求效率的世代，觀眾的殘酷手指一滑就過，要怎麼精準拿捏有感話題，建立與強化自我風格都不容易，但對 HowHow 來說這一切似乎已駕輕就熟，他所創的風格與慣性說話方式已默默洗腦觀眾。當其他人對業配商業模式還感到懼怕的同時，他卻能以開門見山方式直接進入業配主題，用自我風格將業配轉換成創意的切角，我想 HowHow 身為業配之王絕對當之無愧！

當然，拜工作所賜，擁有很多機會接觸到各類型的創意人才，但他絕對是數一數二全方位的創作才子，他常自嘲自己很邊緣，對啊，他真的很邊緣耶，你想想他邊緣到一個人寫本一個人拍、一個人演、一個人剪，我只能說他真的邊緣的太有才了，所以才能通通包辦，這樣的他絕對有資格分享他的經驗給大家！

最後不免俗的也直接進入我的業配主題，假使未來你收到我的合作邀請信，不要懷疑，請相信那會是一個很棒的開始！

▶ ▶❙ 🔊 0:53 / 7:45   ⚙ ▢ ⟦ ⟧

Contents

Part 3　拍片技巧大公開！

Part 4　影片發佈！YouTuber上路！

前言

我的網路影音創作之路

嗨！大家安安！我是 HowHow 啦！不知道你有沒有在網路上看過我的影片呢？或許有，或許沒有。或許你是因為看過我影片，因此想要買這本書；或許你也想要當一位網路創作者而好奇買這本書；又或許你只是被封面激似金城武、陳柏霖、梁朝偉或瀧澤秀明的長相吸引；也或許是你只是在書店翻翻，然後看這邊不禁暗忖：這到底在，寫三小。

總之我想要藉由這本書跟大家分享為什麼我會想當一名網路
創作者，同時也分享自己一路做網路創作者以來的心得給未
來也想要在這領域奮鬥的你和妳。

從小到大，我一直都是一個平凡的小孩。（我是説生活，不
是長相。從小一直被説是小金城武，唉。）我從小就很喜歡
畫畫、看卡通、看漫畫、打電動。因為太喜歡看卡通跟漫畫
了，曾經有一陣子的目標是想要當漫畫家。小時候我有一本
很大的塗鴉冊，我平常只要有空，就會把想到的故事用漫畫
的形式畫下來。之後甚至開始學習漫畫家是怎麼畫分鏡的。
可是在台灣當時社會的價值觀裡，漫畫家似乎不是一個所謂
主流的職業，還只是小孩的我就已經開始去思考畫漫畫到底
可不可以賺錢。於是漫畫家這個目標，不知道什麼時候開
始，在我心中變成一個不被自己所認同的職業。

我跟很多人一樣，從小被灌輸要念書、要考上好學校，未來

才有前途的觀念。我媽媽管我課業管得很嚴格，以致於我在課業方面不至於太差。考高中時，我就跟全國的國中生一樣，接受了基本學力測驗的洗禮。當時一味地拚命念書，被我考上的師大附中、上高中繼續念書。話説這個社會給我們的價值觀就是要用功讀書，反正你就先念，未來怎麼樣「再説」。可是一直這樣「再説」，説到高中快結束要考大學，要決定未來的志願了，我還是不知道我未來到底想要幹嘛？我對自己的未來一點想法都沒有。當時選填科系只有一個目的，就是選未來比較好賺錢的科系。這個目的看似現實且膚淺，但諷刺地卻是全國大部分高中生在選填科系的考量因素。指定考科後的分發結果，我錄取了政大經濟系。我選了一個看似未來好像很好賺錢的科系，但我完全沒有問過自己到底自己知不知道什麼是經濟學，甚至沒有問過自己到底喜不喜歡經濟學。

但，既來之則安之，我就這樣開始就讀了政大經濟。殊不

知，錄取了政大經濟系，卻是我人生最重要的轉捩點。

大學一年級因為系上活動第一次接觸到拍影片、剪影片。不接觸還好，一碰下去，我就再也沒辦法回頭了，因為落枕，不是，因為我覺得拍影片真的太有趣了！那年（2007 年）製作影像這種事情還不普及，不像現在人手一支手機可以錄影片。我對於可以自己製作影片這件事情感到非常的新鮮，這種新鮮感讓我對影像產生極大的興趣。

當時的我拿著一台小小、爛爛的相機，想著蹩腳的腳本，跟系上的好朋友（有啦！我當時有朋友啦！）到處拍影片，再用很陽春的技術去剪輯。剪出成品後並放在電腦裡跟朋友一起看、一起笑，那是我覺得最快樂的時光。即使上傳網路後根本沒什麼人看我的影片、沒賺到一毛錢，但只要可以跟朋友們一起拍攝，或者只要有一個同學跟我說：欸，你的影片很有趣耶，我覺得這樣就很滿足了！

當時我們拍的內容各種天馬行空、各種無厘頭。我們只要想到什麼爛笑話或者爛梗，都會把它寫成腳本然後拍成影片。學生時期因為滿閒，通常一支影片兩三天就可以做好了。當時我自己有一個 YouTube 帳號，我就把我們拍的影片全部丟到這個頻道上面。我並沒有什麼在經營，只是單純的把它當成一個資料庫在存放這些影片。

之後不管是參加系上的活動、學校的報告到業界舉辦的行銷比賽，我都一定會用影片去呈現我的想法。大學延畢去美國當交換學生那段期間，我也拍了二十幾支影片去記錄自己當交換學生的生活。還是一樣，當時除了系上同學，都沒什麼人在看我的影片。

在美國當交換學生這段時間，我發現很多的美國大學生都是念自己有興趣或是喜歡的科系。而不像我，我念的科系是我當初大學考完分發到的志願，一個我一點興趣都沒有的志

願。於是我開始認真思考自己的未來，認真思考未來我到底想要過著什麼樣的生活？是去做一份我可能一點興趣都沒有的工作，然後每天期待週末的到來嗎？但如果反過來想，我如果是做一份我真的很有興趣的事情，我是不是每天都可以過得像週末一般開心呢？我當時毅然決然地下定決心，我想要去追求自己喜歡的目標。這個目標雖然不一定可以賺很多錢，可是至少可以讓我過著自己喜歡的生活。而我當時最喜歡什麼呢？不就是拍影片嗎！從那個當下，我就確定自己未來不管是申請研究所，或者是找工作，我都想要往影像這個方向去前進。

交換學生結束後我就回國當兵了。當兵那十一個月我就不贅述了，東西多到我可以再出一本書講啊！退伍後因為我還是很喜歡拍影片，於是我以幼兒園小朋友為主角，為了爸媽開的幼兒園的畢業典禮，拍了一支《我們畢典要表演什麼》的網路影片放在自己的 YouTube 頻道。當時製作影片的目的

是希望讓家長來看小朋友的畢業典禮。殊不知，影片放到 YouTube 沒多久，開始有很多網友開始分享我的影片，真的是很多。我並沒有做任何特別的事情去宣傳，但三天之後這部影片的觀看次數竟然高達五十萬！我真的是驚呆了，尿也漏了三輪。我從來沒有想過我的影片能夠被這麼多網友看到。

我真的很開心原來我的影片跟笑點可以被這麼多人理解跟喜歡！幾個星期後我又拍了一部以敘述當兵趣事為主影片《還好我退了》並上傳到自己的頻道，結果影片很幸運地又再一次被超級多網友觀看並分享。從此之後，網友們開始知道原來這個小子有在網路上拍影片啊，我的影片才開始漸漸地被這個世界注意。也是從這個時候，我才開始認真在經營我自己的 YouTube 頻道。

退伍後沒多久我又回到美國去念視覺特效研究所。當研究生

的那段時間，不只要應付學校的課業，同時我也持續更新我自己的 YouTube 頻道。當時我的目標是想要成為電影影像特效師或者是動畫師，但一直到 2015 年的暑假，開始有廠商找上門來跟我合作商業影片，也就是所謂的業配文。於是我開始思考，YouTuber 似乎也可以變成一個職業。我覺得我真的很幸運，在研究所畢業之前就已經陸續接到廠商的邀約。所以在畢業之後，我才有勇氣去做一位全職 YouTuber。

拍業配文對我來說，其實跟自己的一般創作一樣，我還是按照自己的風格跟想法去拍攝，只是內容會多了廠商需要提及的資訊。有時候我也會利用這些資訊去做創意的發想。在拍業配影片時，其實只有一個大原則，那就是希望網友看完會覺得很有趣，同時自己也要享受拍影片的過程。現在這幾年廠商嗅到了網路業配影片的商機，一個成本不高、但效益卻不低的商機。網友也可能看慣了傳統電視廣告，突然覺得這種素人、親民式的網路業配影片很有趣，於是也造就了這幾

年網路業配影片的風潮。但網路瞬息萬變，現在網路影片是這樣的商業模式，但三年、五年後，又會是怎樣的模式，其實還是一個大問號。但對於我來說，不管怎麼變，我認為只要我對影片還有熱情，只要積極充實自己，一定可以跟上時代的變遷。

聽完我的故事，不知道你是不是也想一起來當網路創作者呢？如果你什麼都還沒有開始，那太棒了，請趕快去收銀檯結帳，回家好好的細讀吧。欸不是，等等啦，不要坐下來看啦，書店老闆都生氣了。咦？不是，不要換另外一本書看啦，喂！

HOW FUN
Part 1

如何成為
YouTuber?

想要成為一個
YouTuber 請先
詳閱使用說明書

拍影片不只是按下錄影按鈕這麼簡單啊！再來要來跟大家分享一些拍攝上面的小知識哦！

一、網路媒體平台是什麼樣的環境呢？

大家常看電視嗎？現在不常看電視，但小時候應該很常看吧！小時候我一回到家就是死守著電視機，等著每天五、六點開始播放的卡通。有時候卡通一週只播一集，我為了那一集茶不思飯不想的，結果要播出的時候卻跟家人在外面沒辦

法看，只好等幾個月後的重播，看有沒有機會再看到。我們看電視也總是從那幾十台裡面去挑選想要看的頻道，再怎麼轉永遠都是那幾台。但網路世界不同，我們不僅可以隨時決定要什麼時候看影片，更棒的是我們有成千上萬的頻道和種類可以選擇。

遠古時期，你拍一齣短劇要讓大家看到，可能就要透過一個龐大的團隊來執行，然後在電視台播放。要在電視台播節目，就是一個很大的成本。不只要投入相當多的資源，金錢、人脈、人力都是需要考量的因素。如今網路盛行，拍影片上傳並且創立頻道不像在電視台這麼困難，這也造就了越來越多小型自媒體開始製作影片。這些小型自媒體小到甚至一個人就可以創立一個頻道。小型自媒體啵啵啵紛紛地出頭，他們不用再經過繁冗的步驟，只要透過網路，就可以製作內容呈現給觀眾。不管是十幾年前就開始盛行的網路文章部落客，到現在為數眾多的 YouTuber（網路影音創作者），

都是透過自媒體把創意內容呈現給觀眾。

自媒體帶給大家的,是更多元、更豐富的內容,因為這些內容再也不需要像電視台透過層層關卡審核,就可以呈現給觀眾。在自媒體平台,你可以看到各種影片:一個人對著攝影機講話分享今天的生活、幾個人一起開箱跟網友一起感受,又驚喜或者由一堆素人拍攝的喜劇。以上這些都不太可能在以往的電視媒體上看到,但也因為這些新媒體的創作內容比起電視節目更貼近觀眾生活、更無拘無束、更天馬行空,而且觀眾也更容易與自媒體創作者互動,所以現在的觀眾才會更願意花時間在網路媒體平台上。同時這也更讓越來越多創作者願意投身在網路平台。

二、當 YouTuber 有什麼必備條件嗎？

要當一位網路影片創作者，我覺得你要問問自己一個很重要的問題：**我為什麼想要當網路影片創作者？**這個問題非常的重要，如果你是因為覺得「好像很輕鬆」或者覺得「好像可以賺很多錢」，而不是對拍影片有極大的興趣，那我覺得你未來在做網路影片創作者會非常辛苦哦！對我來說，我在創作的路上會遇到大大小小的挫折，有時候是作品被廠商打槍，有時候是被網友批評，又或者怎麼都想不到點子。但因為我真的很喜歡拍影片，不管是寫腳本、拍攝或剪輯有多累我都甘之如飴。就是這個對拍影片極大的熱情一直支持我堅持下去，不然我真的早就放棄它了。

如果確定自己很喜歡創作影片，那再來想想看自己想要做什麼類型的創作者呢？是想要實況遊戲？拍 Vlog ？搞笑短片？美妝部落客？ Cover 歌手？生活開箱文？當然你可以不只

做一種，可是如果頻道裡面充斥個各種類型的影片，觀眾也容易失焦，所以建議先只做一種主題哦！挑選主題最重要的還是要問問自己最喜歡什麼類型。我很喜歡拍攝有劇情的短片，所以我的頻道 95% 都是這類型的影片。突然要我拍實驗影片或者開箱影片我也是可以嘗試，只是我的興趣在戲劇短片，所以我大部分還是以這方面的類型去創作。

再來給自己一個長期目標，然後朝那個目標去努力！像我自己的長期目標是可以有一個團隊，然後一起創作規模更大的影片，所以我現在一直在朝這個方向去累積自己的經驗和學習。希望大家看完這本書後，也可以跟我一起在創作的道路上「一修逆加油」！

三、YouTuber 是怎麼賺錢的？

首先直接進入如何賺錢的主題！（真男人就是直白！）如果你想要把 YouTuber 當成一份工作，在做這份工作之前，想要了解它可以給你帶來的收入也是很合情合理的吧！

大家一定都很好奇，到底在 YouTube 怎麼賺錢呢？

YouTube 是全世界最大的影音平台網站，全世界使用者每天在 YouTube 的觀看次數高達十億次。這個時候有很多廠商就想說：「等等！也太多人在看 YouTube 了吧 ?! 如果我們在 YouTube 投放廣告，那應該也會很多人看到我們的廣告吧？」於是就開始有廠商花錢在 YouTube 買廣告。這時候 YouTube 當然也喜孜孜地收到很多廠商的廣告費。

但有一天聰明的 YouTube 想說，如果今天我們把影片廣告賺

到的錢，分一些給這些影片創作者，那就會鼓勵創作者繼續創作更多的東西，並且創造更多的流量，那我廣告收益不就可以得到更多了嗎？哼哈哈哈！哼哈哈哈哈哈哈！

你瞧 YouTube 笑得多開心，但其實這項政策其實讓大家都開心。創作者可以因為自己的創作得到廣告收入，觀眾也可以看到更多不同的創作，廣告商也有更多管道可以讓自己的產品曝光。

YouTube、創作者、觀眾、廣告商：「哼哈哈哈哈哈哈哈！」

笑屁。

四、你不可以不知道的 CPM 廣告收入

事情沒有上面的畫面那麼美好！醒醒吧！首先要來跟大家介紹 CPM 這個東西。CPM 它代表有效千次曝光出價（每千次廣告播放曝光次數的預估平均總收益）。等等，別睡著啊！我知道光是看完這段你就快睡著了，其實我自己在打這段我也快睡著了，好像在看教科書一樣。讓我娓娓道來吧！

假如廠商今天有一個超酷的產品，想要去 YouTube 下廣告，於是廠商手刀衝刺地跑到 YouTube 說：「欸欸欸，我想要下廣告啦！來，錢拿去。」

這時候 YouTube 出來跟廠商說：「沒問題沒問題，但我們有三種廣告可以給你選唷。第一種是多媒體廣告，它會出現在影片的旁邊，但只有在使用電腦的時候才看得到。第二種是重疊廣告，它會出現在影片上面，你可以按右上角的叉叉關

掉。第三種是影片廣告，它會出現在影片前面，有些五秒後可以略過，有些是不能略過。」

於是廠商就可以依自己的需求去下廣告。不同的廣告類型，廠商要繳給 YouTube 的費用不同。

這些廠商的廣告在你看 YouTube 影片的時候就會出現。你看一支影片，就創造了一個觀看次數。但你有沒有發現，有時候影片沒有廣告跳出來，或者有人會安裝阻擋廣告的外掛程式，這種情況下，這些觀看次數就不是營利播放次數。

所以總觀看次數不等於營利播放次數。

就拿我自己來說好了，我的頻道某些月分營利播放次數差不多只有總播放次數的一半。所以今天拿某位 YouTuber 的總觀看次數去算他到底賺多少是不對的哦～

你還記得我剛剛說到那三個英文字嗎？ CPM 啦！（每千次廣

告播放曝光次數的預估平均總收益）。現在看到這些字是不是有比較認識一點了？

等等，HowHow，我知道什麼是每千次廣告曝光次數，那什麼是平均總收益呢？

因為每一次曝光的廣告類型不一樣，有時候是不可略過的廣告，有時候只是重疊式廣告，每一種廣告類型 YouTube 收到的費用不一樣，所以這邊才用平均。

假如你的觀眾都在台灣，那麼 CPM 大概是一點五美金，約等於五十塊台幣。咦？這跟觀眾在不在台灣有什麼關係？如果今天你人在美國，就算你看的是台灣的影片，但是廣告卻會跳出美國廠商所投放的影片。所以觀眾如果都在美國，那 CPM 會比台灣還要高。

所以這裡有一個簡單的數學公式來算廣告收益：

CPM×（營利播放次數 ÷1,000）＝ YouTube 廣告收益

欸！等等，先別急著把書闔上拿去回收啦，這還只是國小的數學啦！

所以 YouTube 廣告收益就是 YouTube 所賺的收益。然後 YouTube 再把五成五的收益分給頻道的創作者，最後這個才是創作者拿到的收益哦！

所以，以上，我們再來複習一次。

- CPM（每千次廣告播放曝光次數的預估平均總收益）
- 總觀看次數≠營利播放次數
- 廣告曝光次數≒營利播放次數

CPM×（營利播放次數 ÷1,000）＝ YouTube 廣告收益

YouTube 廣告收益 ×0.55 ＝頻道主的廣告收益

我想你現在應該很後悔買了這本書，想説我都已經睡了一輪了怎麼還沒講完。沒關係我們來做個應用題，讓你徹底了解 YouTube 的廣告收益吧！

小明的頻道十二月的 CPM 大約一點五美金。這個月他的頻道有一百萬總觀看次數，可是營利播放次數只佔總觀看次數的六成。

Q：請問小明今天早餐吃什麼？
A：薯餅蛋吐司。因為薯餅蛋吐司很好吃。

「欸，那個 HowHow 其實我們比較想知道小明一個月在 YouTube 賺了多少唷。」
「嗯。」

營利播放次數＝總播放次數 ×0.6

＝ 1,000,000×0.6 ＝ 600,000

公式是：

CPM×（營利播放次數 ÷1,000）＝ YouTube 廣告收益

小明的狀況是：

1.5×（600,000÷1,000）＝ 900（YouTube 廣告收益）

900×0.55 ＝ 495（頻道主廣告收益）

A：495 美金，約等於 16335 台幣。

大家看到這數字，反應應該跟我想的差不多吧。

等等，喂！小明一個月頻道總觀看次數有 100 萬耶！但一個月賺不到 17K 啊！

現在你知道為什麼台灣很多 YouTube 創作者都要接業配文了吧（笑）。

五、怎麼跟業配文交朋友

那我們來聊聊業配文吧！其實業配文這個東西很微妙，很多網友其實對於業配文這樣的東西很反感。網友一般來說都是認為，我是來支持你的影片，但你卻在消費我對你的支持。

對於創作者來說，如果有廠商金援的支持，也會有更多的心力去完成自己的創作。所以對我來說，在無法避免製作業配文的前提之下，我就告訴自己，好吧，既然要做，我就把它做到最有趣，讓觀眾即使看完我的業配文，也會覺得好笑、也會覺得有趣。對我來說，製作業配文最重要的是要讓網友看得開心，廠商的要求我反而放到其次。

因為如果這個影片不有趣或者商業感太重被網友討厭，導致影片沒有人看，這樣對於創作者、廠商都不是好事。在跟廠商溝通腳本的時候，我也會告訴廠商我的想法以及原則。

應該很多人會好奇到底跟廠商合作拍業配文到底是一個什麼樣的情況吧！原則上大概就是這樣子：

廠商：「欸欸那個 HowHow 幫我們這個產品拍業配文啦！我給你這樣的預算啦！」

我：「哦哦好哦！」

我：「拍好了，這是影片，幫我看一下哦！」

廠商：「哦哦！沒問題，明天幫我上傳 YouTube 哦！」

我：「好唷！」

是這樣的話就好了。

我自己一開始在跟廠商接洽的時候，遇到滿多問題跟挫折，很多事情都是邊做邊學，所以這邊來跟大家分享一些跟廠商合作的小經驗。

跟廠商合作的流程原則上就是下面這個圖表：

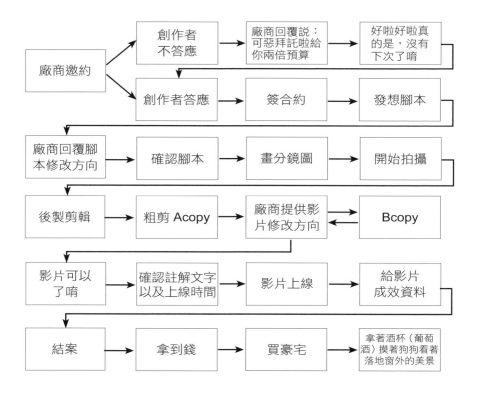

一開始廠商會透過 Email 或者其他聯繫得到你的方式邀稿，會跟你說明要合作什麼產品？（What），怎麼樣的合作方式？（How）以及什麼時間合作？（When）。其實我不知道為什麼我要打出這些英文，可能是看起來好像比較專業一樣。這邊就是一個廠商 WHW 的流程，大家抄下來，期中考會考。

創作者在看完邀約之後可以思考看看這個產品自己喜不喜歡？廠商商譽好不好？產品拍業配文好不好發揮？合作方式自己可以接受嗎？時間上自己可以配合嗎？廠商給的預算自己可以接受嗎？決定好之後就可以給廠商答覆了。

確認要合作之後，一定要簽合約！這是一件保障雙方權益很重要的事情。這部分我們聊完整個流程，等大家比較有概念之後再來說。

簽完合約之後就可以開始發想腳本了！來想出一個超酷超有趣，不僅讓廠商滿意、也讓網友喜歡的腳本吧！腳本想好之後要給廠商確認腳本。廠商針對腳本內容給出建議讓創作者去修改。雙方確認腳本之後，有時候廠商還會要求畫分鏡圖。廠商有時候只看文字會不懂影片大概會怎麼樣呈現，所以會希望你用圖片或者用文字描述得更詳細。確認好一切事前作業之後，就可以開始拍攝影片嘍！

和廠商合作的眉眉角角

在拍攝影片的時候，如果有遇到什麼問題都要馬上詢問廠商，不然到時候拍完，廠商對某些產品的鏡頭不滿意要重拍就很麻煩。身為一個創作者，遇到修改是很常見的事，碰到無止盡的修改地獄可能會讓你萌生退出江湖的心，所以有一些事情要事先注意。

關於修改

拍攝之後進到後製階段，然後給廠商粗剪，也就是所謂的 A Copy。A Copy 只有粗略影片雛形，還沒有音樂、字幕、調色等等。讓廠商確認過，針對廠商給出意見去討論並修改。

有一件很重要的事情，就是廠商可以要求修改的東西只限於後製能修改的東西，像是音樂、顏色、口白。台詞等等無法後製修改的東西，必須要在腳本階段就做修改，不能等到後製才在改台詞或劇情，這樣對創作者很不公平。但如果在腳本沒有寫清楚的，又沒有畫分鏡圖去描述清楚，像是產品露出時間太短、拍不清楚、產品被截到等，廠商叫你重拍原則上是合理的。這些細節如果在合約有寫清楚會對雙方比較有保障哦。

影片修改等雙方確認後，廠商會先跟你確認 YouTube 或者 Facebook 註解的文字，俗稱文案。文案確認後，影片就可以

準備上線了！

約過一個星期之後，廠商會跟你索取影片後台成效，像是觀看次數、觸及率以及觀看人口組成，然後就可以準備結案嘍！如果你沒有成立公司，你就要開勞務報酬單。有公司的話就開發票。至於什麼是勞務報酬單？成立什麼公司？我們後面會一起講到哦！

等到廠商撥款，領到錢之後就可以安養天年，從此過著幸福快樂美滿的人生。
太棒了，接業配文就是這麼簡單呢！

關於合約

這邊來說一下一開始要跟廠商簽的這個合約吧！合約最重要的除了交片時間、金額等等，有幾點很重要的東西請各位創作者一定要注意啊！

著作權歸屬：影片的所有權很重要。一般來説影片的所有權應該是要歸創作者，但有些廠商會要求著作權要雙方共有。這點就可以看你們怎麼去談。如果是雙方共同擁有，廠商就可以一直使用這個影片去做廣告，這點要特別注意哦。

授權範圍以及時間：如果影片所有權是歸創作者所有，授權範圍和時間也很重要，看你願意授權廠商怎麼去使用這支影片或者該影片的截圖、使用在哪裡。授權使用時間很重要是為什麼呢？如果這點沒有規範，廠商就可以無限使用你的影片幫他們打廣告。有些創作者會覺得沒關係，反正我又沒吃虧。可是如果你不希望觀眾一直看到這支廣告導致對你觀感變差，或者二十年後發現廠商還在使用你的影片，那這點就要好好注意啊。

中途解約：我遇過很多廠商在我寫完腳本之後，臨時發生公司內部的問題，於是要取消合作。但是我腳本都寫完了，突

然不合作，對於創作者也很不公平。畢竟寫腳本也是要時間跟精力啊！所以在合約可以註明，如果寫完腳本，或者拍完影片之後要取消合作，廠商必須要付一筆腳本費或者製作費。（像音樂圈作詞人寫詞完，如果後來不採用，也有所謂的潤筆費。）這也是給創作者的一個保障。

有什麼疑問或者擔憂，都可以簽合約的時候好好跟廠商協調跟溝通哦！

聯播網

MCN（mutli-channel network）多頻道聯播網，簡稱聯播網。大家不知道有沒有聽過聯播網。他有點像是 YouTube 頻道專屬的經紀公司。你只要將你的 YouTube 頻道加入他們，他們就會提供你拍攝或製作影片的資源。一般來說聯播網會提供的資源有：1. 提供頻道優化 2. 提供授權音樂、圖庫 3. 提供拍攝資源。

什麼叫做頻道優化呢？聯播網會針對你頻道的特性和風格，給你影片標題或者縮圖的建議。其實影片標題跟縮圖真的很重要，觀眾在還沒點進你影片之前，第一個看到的就是影片標題以及縮圖。如果縮圖跟標題設計得好，觀眾對你影片的興趣也會大大提升。有些聯播網甚至還幫你設計頻道主頁的圖片。

在製作影片的時候，要考慮到音樂版權這個問題啊。如果使用沒有取得版權的音樂上傳，可能會被 YouTube 消音甚至下架。大部分的情況 YouTube 只會讓你該影片無法盈利，但這部影片還是會有廣告，只是廣告收益都要給音樂的原創作人。所以這個時候只要你使用授權的音樂就不會發生這種情況。YouTube 後台其實也有音樂庫可以使用，但其實聽來聽去就是那幾首……

有些聯播網會提供他們自己的授權音樂庫，創作者在製作影

片的時候就可以有更多選擇。網路上其實還有很多授權音樂網站，有些是免費的，有些是需要付費的。大家可以針對自己的需求去選擇一個自己覺得超爆酷的音樂來使用。

很多時候在拍攝不同腳本的影片，會需要不同的場地以及器材，有些聯播網會提供這些拍攝資源給自己的創作者。

但你應該會想說，欸欸但是我們加入聯播網要付出什麼代價嗎？哼，沒錯唷。加入聯播網一般來說都是用 YouTube 收益抽成的方式當作加入他們的費用。六四分到九一分都有，每個人都有不同的情況，就看你到時候怎麼跟聯播網談哦！

其實每一家聯播網都會提供不同的服務和資源，再加入之前不妨先問問他們可以提供什麼樣的東西，然後再評估看看你 YouTube 一個月被他們抽走多少費用值不值得這些資源。拿我們前面剛剛小明的例子，他一個月在 YouTube 約賺一萬七

千元。假如他跟聯播網七三分，等於他每個月要給聯播網五千一百元。每個月花這些錢買以上這些服務到底值不值得，就交給每位創作者去做抉擇嘍！

經紀約

大家聽到經紀公司，可能都會覺得：欸欸，好像只有大明星才會有經紀公司。有經紀公司好像是一件超酷超了不起的事情啊！不，你太天真了。

其實很多圖文畫家、漫畫家、或者 YouTuber 都可能會有經紀公司或者經紀人哦！我們先來聊聊經紀公司吧！

當你的創作開始越來越成熟，這時候經紀公司聞到你可以帶來的商機，他們就會嘿嘿嘿地搓手找上門說，欸欸欸要不要簽給我們啊，嘿嘿嘿。

加入經紀公司有幾個好處讓我來跟大家説説：

1. 經紀公司會幫你管理所有對外的業務，讓創作者可以專心創作。

當創作者開始接洽商案之後，如果沒有經紀公司，就要花很多時間跟廠商溝通、接洽、開會、回覆信件等等，有時候會佔據太多創作的時間。如果有經紀公司就可以讓他們處理這些外務，而且很多時候黑臉還可以讓經紀公司扮。如果自己想要拒絕邀約，但又不好意思自己講，這個時候就可以請經紀公司發動覆蓋的陷阱卡──不好意思因為公司的考量可能這次沒辦法合作唷！到底是什麼考量你説啊！

2. 經紀公司會主動幫你爭取商案機會，讓創作者不只是被動地等廠商來邀約。

創作者在接商案，原則上都是被動地等廠商來邀約。但如果有經紀公司，業務部門會有管道去主動去跟廠商爭取以及提案，提高接到商案的機率。

3. 經紀公司會提供創作資源給創作者。

這部分雖然聯播網也會提供，但提供的資源原則上不會多於經紀公司。聯播網從創作者得到的利潤頂多來自於 YouTube 分潤，但是經紀公司還可以從商案去得到分潤，當然也會提供較多的資源回饋給創作者。

4. 處理大大小小的事務。

反正有什麼創作上的雜事都可以跟你的經紀公司討論以及請求幫助！經紀公司原則上就是你創作上面的合作好夥伴哦。

但加入經紀公司真的都只有好處嗎？哼，還是一樣太天真了。再來我們要說說加入經紀公司的缺點嘍～ Go Go Go ！

1. 經紀公司是你唯一對外的窗口，也就是你沒辦法自己接工作。可…可惡！

所有對外的工作一定都要透過經紀公司，所以是不能自己私

下接工作的！如果今天有一個真的很想合作的商案，但是經紀公司因為某些考量不能配合，溝通之後還是沒辦法，就只能含恨說ㄅㄅ。

不僅限於商案，演講、受訪或者跟其他創作者合作、客串等等也都要得到經紀公司的同意。

2. 任何商案經紀公司都要抽成。

經紀公司要簽你，當然就是要嘿嘿嘿從你身上賺錢。所以任何的合作都會要分潤抽成。假如分潤比是六比四，一萬元的案子，你就要給經紀公司四千，自己拿六千。

我剛剛說過所有商案都是要透過經紀公司，所以如果今天有廠商主動直接找創作者，但是沒辦法，所有的案件都一定要透過經紀公司。所以如果沒有經紀公司我可以賺一萬塊，現在卻只能拿到六千。嗚嗚嗚，我才沒有哭呢。

3. 因為會被抽成,報價都會提高,廠商聞風喪膽。

如果今天沒有經紀約,一個案子你對廠商報價是一萬塊。但如果簽了經紀約,你還是想拿到一萬,可是你必須要分潤給經紀公司,這時候對外的報價就會提高。原本一萬塊就可以跟你合作,可是現在報價提高超過一萬,很多廠商就會覺得「哪泥,你不是只要一萬塊嗎?竟然變貴了。」於是就森77的離開了。從此只能在角落哭泣,孤老終生。

4. 經紀公司擺爛,冷凍你、邊緣你(最糟的情況)。

因為沒辦法自己接案子,這個時候如果經紀公司完全放棄你,不給你任何商案的機會,那就真的要孤老終生了。遇到這種情況你應該會想說「如果我沒賺錢,那經紀公司也不能賺錢,哼,看誰撐不下去。」你可能還會推個兩下眼鏡。但經紀公司可還有其他創作者可以合作唷。你只有一個經紀公司,可是經紀公司卻可以有好幾個創作者。這種情況雖然不常見,但也不是不會發生。畢竟如果合約沒有保障你的底

薪，那經紀公司也沒有義務一定要給你案子。

所以決定要不要簽經紀公司真的要三思，把所有可能的利弊都考慮進去。

然後不得不說合約真的很重要！很多人在看合約時，覺得好像在考閱讀測驗一樣，一堆字懶得看，或者像是很多網站要讓你看條款一樣，就直接簽名勾我同意，很多時候都會因此吃大虧。

所以在簽合約之前，一定要把每一條都仔細看清楚，簽約之前你都有權利可以跟經紀公司討論並修改合約。像是你也可以跟經紀公司溝通看看有沒有「底薪」，分潤比例也可以討論。同時也可以多跟朋友、家人討論合約內容。

合約應該是保障雙方的契約，而不是保障某一方的條款。每

一位創作者跟所屬經紀公司的合約都不盡相同，但怎麼樣才能有最舒服的合作方式就看雙方怎麼溝通嘍！

簽經紀公司有一點要銘記在心，經紀公司不是你的老闆，你也不是他的下屬，跟經紀公司應該是互相合作的關係。你提供創意、才華，他們提供資源、管道。所以有什麼事情跟想法都儘管跟經紀公司討論跟溝通吧！

在簽合約的時候，有幾點我認為是最重要的，如果有創作者未來要簽合約，這幾點請特別要注意，不要忘記合約是保障雙方，而不是只有保障經紀公司哦！

1. 合約時間。要看看合約有沒有寫合約到期後經紀公司有沒有權自動續約。
2. 合約期間內以及合約結束後影音創作所有權的歸屬、影音所有權的歸屬也要跟經紀公司討論哦！

3. 分潤比。最常見是五五、六四或者七三分。

4. 不是只有創作者違約要付違約金，經紀公司如果違約也要付違約金。雖然不太可能走到付違約金這條路，但是寫清楚比較能夠保障雙方權益。

所以聽完聯播網跟經紀公司，你就可以開始想想自己到底需不需要聯播網或者經紀公司？或者你可能只需要一位經紀人或助理幫你打理創作上的事務。

不管你做了什麼決定，都一定是要對你創作上是有幫助的，不然就失去簽約或不簽約的意義了啊！

其實當創作者不只可以靠商案賺取收入，還有很多管道哦。

有一個東西叫做募資平台，募資平台大概的運作模式就是創作者提出一項計畫，有興趣的觀眾就可以捐贈金額，並且得到回饋。這種感覺有點像是觀眾在贊助或者支持自己喜歡的

創作者去創作。但有時候觀眾在贊助創作者的時候，會希望得到更多不只是創作，而是實體的回饋。這個時候創作者就要花更多時間在這些所謂的回饋品上面。

要不要使用募資，也要請創作者謹慎思考。畢竟是向觀眾拿錢，如果處理不當，很容易引來網友的憤怒啊！

六、我可以當全職網路影片創作者嗎？

2015 年暑假我開始接觸商業影片也就是業配文，那時因為要拿到研究所的實習學分，所以我同時也在一家動畫公司實習。當時實習即使一週只要去三天，但還是很常要跟公司請假去跟廠商開會討論影片或者拍片，甚至我還會偷偷用公司的電腦剪自己的影片（欸欸家齊哥抱歉厂）。我發現我真的沒辦法同時身兼兩份工作，我開始認知到未來如果要當

YouTuber 並且接商業影片，對我來說真的沒辦法兼職去做。

其實我一直覺得很幸運，因為我還在念研究所的時候，就開始有廠商來找我合作。所以在畢業之前就開始有個半穩定的工作，這也讓我可以更有勇氣的去做全職 YouTuber。

回到剛剛的問題，你可以當全職網路影片創作者嗎？

如果做影片可以維持你的生活開銷，那當然沒問題啊。但如果影片還不能支撐自己生活的開銷，可是你有雄厚的背景跟財力支持你，那也沒問題哦！欸那個，先讓我叫你一聲乾爹。

可是如果做影片沒辦法完全補貼家用，那先從兼職開始做吧！我認識一位創作者，他是兼職做 YouTuber。每天下班之後，就開始在想腳本以及準備拍攝事前的東西。星期六日拍

攝並且製作影片。

兼職真的很累，但是只要堅持下去，慢慢累積自己的實力，讓大家看到你的作品，未來廠商都會哭著求你留下來。

七、當全職創作者後沒人會告訴你的冷常識

勞務報酬單

什麼是勞務報酬單呢？如果你沒有開公司，是用個人的名義在接案子，要請款的時候，廠商就會給你填一份勞務報酬單。為什麼要填這個東西呢？

先別說這個了，你有聽過報稅嗎？人民都要繳稅你應該知道吧？我國小其中一個墊板就是財政部發的，上面講一堆如果逃漏稅會發生什麼慘劇。所以我從小就養成要報稅、屁股都

自己擦的好習慣呢。公司的收入扣掉成本就是收益，收益和成本是報稅很重要的依據。因為廠商也要報稅，有了勞務報酬單就可以跟政府大哥說，欸欸，我有花這麼多費用找這個 YouTuber 拍一個影片唷！這個合作就是我們的成本費用。對於創作者來說，勞務報酬單就像是收入的證明。所以每一筆收益政府其實都會知道哦。每年的五月報稅季你就跑不掉了，嘿嘿嘿。

勞務報酬單裡都會有一項預扣所得稅 10%。等等，先不要翻頁啦，我知道看到這裡好像在上什麼財政學，我自己其實也在邊打字邊打瞌睡。但撐住啊！快結束了！

預扣所得就像是政府先把你這筆收益拿走一部分，報稅的時候，再把這筆預扣所得還你。假如勞務報酬單上面是五萬元，預扣所得就是五千元。所以你這次的合作只能拿到四萬五千元。剩下的五千元等隔年的五月會再還給你～（但如果

這筆合作低於兩萬元，就不用扣預扣所得稅哦。）

二代健保

另外你會發現還有一項二代健保費。欸欸欸！等等啦，別睡，醒來啦！什麼是二代健保費呢？它有點像是這次合作案中的健保保費。所以拿剛剛五萬塊的例子來説，五萬塊要扣掉 10% 的預扣所得稅，還要再扣掉 1.91% 的二代健保費，所以到你口袋只有四萬四千零四十五元。

如果你今天是兼職，你已經有投保勞健保在原本的公司，你就不用另外繳這筆費用哦！但如果你沒有屬於任何公司怎麼辦呢？你知道職業工會這個東西嗎？你只要加入職業工會，你未來在填寫勞務報酬單，你就不用繳二代健保費哦！但加入職業工會每個月都要給會費。所以你可以去衡量一下，如果職業工會的會費，比起你每個月業配要繳的二代健保多，那加入職業工會就不划算了～

如果是網路影片創作者，你可以去選擇隨便一個跟影視有相關的公會即可！加入職業工會也有一些福利是可以享用的，這點每一個工會都不一樣，有興趣可以自己去搜尋看看唷！

開公司

什……什麼？下一步直接就是開公司了嗎？可以當大老闆了嗎 ?! 當你開始接觸業配文之後，你就有收入有了收入之後每年的五月就要去報稅。如果當你收入達到一定的標準，稅率就會變高，這個時候你可以開始考慮成立公司行號。成立公司行號可以替你節稅哦！怎麼説呢？如果你業配所得是十萬元，但是買道具、租場地等等的成本費用是四萬元，等於你只賺了六萬元。如果你是用個人綜合所得稅去報稅，所得需要報十萬元。但如果是報公司營業所得，是報六萬元。所以成立公司行號繳的稅會比個人所得來得少。

成立公司行號跟用個人名義接工作最大的不同有三點。第

一，就是剛剛說的可以透過報成本費用去降低需要繳納的稅額。第二，你不必再寫勞務報酬單，而是採用開發票的形式。第三，我覺得是最麻煩的，是你必須要請會計師來幫你處理帳務的問題，而且你每個月也要整理自己的帳務資料給會計事務所。如果自己負荷不來，或許還要再另外請財務助理來幫忙。所以你可以去衡量一下自己的收入有沒有必要開立公司。如果有的話，就去成立公司當大老闆吧！

八、 想投入網路媒體、成為影片創作者可能會遇到什麼困難？

大家應該會想說：哦哦！網路媒體感覺很有前景啊！那我也想要投入進去做網路影片創作者！可是老師這邊就跳出來說話了（老師是誰啦！）雖然網路媒體是個趨勢，但是這條路還是存在著很多困難啊！ 在這邊提出一些給大家參考參考。

喂！頻道太多了啦！我的頻道消失在茫茫頻道海啊！

網路媒體如此盛行，百家齊鳴，觀眾能選擇的非常多。因此許多創作者投身網路媒體去創作，很容易會讓作品沉沒在茫茫網路大海。網路不像電視台，你再怎麼轉台，終究會轉到某個的頻道。網路因為實在太廣、太大，要讓觀眾看到自己的作品，不只需要特別、有趣的內容，也需要透過更多不同方式去行銷。至於如何去行銷，書後面將會娓娓道來。

我可以靠當 YouTuber 維生嗎？

我們再繼續聊聊這塊吧！大家想要成為全職影片影片創作者最會擔心的，應該就是這行可不可以養活自己吧！當所謂的自媒體網路影片創作者，又或者是 YouTuber，就跟創業一樣，並沒有固定薪水。也就是如果這個月都沒人看你的影片，或者這個月沒有任何案子，那這個月就真的只能喝水了嗚嗚。前面提到的 YouTube 的分潤機制，你可以參考一下你一個月需要多少點擊才可以付得起房租、水電、伙食、生活

費、孝親費、垃圾袋錢、油錢⋯⋯寫到都快哭了。其實目前網路創作者的生態非常兩極，不是大好，就是大壞，怎麼說呢？當你 YouTube 頻道點擊的分潤金額，足夠你的生活開銷，同時這也代表你頻道已經擁有讓廠商願意合作的點擊量（先不論影片內容以及頻道形象）。也就是說當你 YouTube 分潤的錢足夠你生活，你還有機會可以得到更多的業配合作收益。但是，But，爹某，如果你 YouTube 頻道的分潤完全不夠你的生活開銷，同時也代表點擊數不高（也或者是影片內容有版權爭議），廠商也就比較不會找上門，嗚嗚。

也就是說當你跨過一個門檻後，就可以開始當全職 YouTuber 嘍！但這個跨過門檻，似乎也不容易呢。門檻，你滿強的吧！至於這本書我不敢說教你如何跨過這道很強的門檻，但至少希望看完你能學到些小知識，讓你更有能力可以跨過這道門檻哦！（沒有，你唯一長的知識是我學到下次再也不要浪費錢買這本廢書）。

其實如果你對於網路影片有興趣，不見得要創業當老闆啊！現在很多的 YouTuber 都有在招募團隊，不管是剪輯師、特效師、攝影師、美術製作、助理等等。如果你對製作拍攝有興趣，不妨去問問喜歡的創作者有沒有招募團隊的打算哦！如果是給人請，那就不用擔心這個月沒飯吃，因為就是領薪水哦！

需不斷進步、掌握時代脈動

網路發展速度太快，追不上的話，很快就會被名為時代的洪流給沖走，名為時代的洪流這句話有點帥，好像是海賊王裡面會出現的詞彙。事實上網路世界瞬息萬變，只要一個鬆懈，突然間你會發現整個世界都變了。就拿以往的文章部落客當例子吧。當年部落格紅極一時，許多部落客紛紛崛起。他們靠著文章以及圖片抓住網友的心。可是幾年之後，影像製作技術逐漸普及，影像製作門檻降低，許多部落客開始嘗試用影像傳達資訊。網友的胃口漸漸被養大，既然有會動的

影像，大家不甘願只看不會動的圖片。於是影音部落客就開始崛起。許多純圖文的部落客也紛紛開始嘗試影音創作，藉此跟上潮流，並符合觀眾的期待。圖文部落格的全盛時期，距今還不到十年，如今已經逐漸沒落。十年之後，影音部落格，也就是現今的影音平台，會不會也被下一波創新的科技所取代呢？身為影音部落客，真的要隨時提醒自己，要不斷地更新自己、充實自己，掌握時代的脈動、了解網友的喜好，才可以讓自己不會被名為時代的洪流給沖走，而是騎著名為潮流的水上摩托車在洪流上呵呵笑哦。

拍片事前
準備班

影片創作者 快速入門密技

看到這頁，你是否才剛決定說：「哦哦！好，我要當網路影片創作者了！」喊完這一句後，一陣空虛，那接下來該怎麼辦呢？成為網路影片創作者的第一步是什麼呢？有什麼方法可以很快的入門呢？

一、我決定要當影片創作者了，然後呢？

先從模仿開始

先想想看你喜歡的風格是什麼？有沒有你很喜歡的創作者也是拍這樣的風格，可以先從模仿他們的影片開始。

我大學時很喜歡一組美國 YouTuber 叫做 Smosh。當初想要

拍影片有很大的原因是想要跟他們一樣拍網路影片，因為真的很喜歡他們，所以很多影片腳本的邏輯以及剪輯方式都有參考或模仿他們。我覺得有目標可以參考或模仿，不管是腳本發想或者是後製剪輯都可以進步得很快，做影片不再只是瞎子摸象，而是有一套模板可以讓自己去學習。

但聰明的你看到這邊會想說：欸等等不是啊，這不就是抄襲嗎？

其實模仿跟抄襲還是不一樣哦！模仿是學其他人的風格或者剪輯方式，但原則上笑點或梗還是自己的。抄襲就比較像是全盤拿走。但總不能一直模仿下去，畢竟抄襲和模仿有時只有一線之隔，拿捏不好模仿就會淪為抄襲。所以這個時候就要慢慢找到自己的風格。我很喜歡 Smosh，但同時我也很喜歡蠟筆小新、日和漫畫、正港奇片，我看了很多作品，吸收他們在創作上的優點，並且把自己的創作性格也加進去，所

以我慢慢找到自己的風格。每個人生命過程都不一樣，對一件事情都有不同的觀點和想法，仔細的去想一下自己喜歡什麼，什麼樣的風格才是屬於自己。

訓練你的玻璃心

HOW FUN 小教室

當 YouTuber 有一件事情很重要，那就是你的精神力要很強啊！你要有一顆不畏懼任何艱難、負評、風雨及塑化劑的身心。

很多人會寫信來問我說，一開始做 YouTube 影片但是都沒有人看，怎麼辦？其實我自己在做網路影片，一開始也都沒什麼人在看，頂多就是系上朋友在看，點閱率頂多就是 200 人次。一路拍了五年，直到我 2013 年拍了一支以幼兒園小朋友為主角的影片《我們畢典要表演什麼》後，我的頻道才開始被網友們關注。那五年我

一點都不在乎點擊率有多低，我只知道拍影片很有趣，當我看到影片成品非常有成就感，對我來說這樣就夠了。

所以做網路影片不要急，慢慢來，不要想著一步登天，慢慢累積自己的經驗和實力。等到某一天你的作品真的被人看見了，你的時刻就來了！

把作品放到網路上，有時候會得到一些正面的回饋。這些正面的留言真的都是創作者們最好的精神糧食。

但如果是負面留言的話呢，就真的很恐怖啊，殺人不眨眼的那種。不只把你影片批評一輪，連長相、品味都拿出來罵，嗚嗚嗚。所以要當 YouTuber，就要訓練自己成為一個不畏懼任何負面留言的強者！哼！強者，才不怕什麼負面留言呢。我……我一點都不在乎你們說什麼哦，我才沒有因為這些噓文偷哭呢，是沙子啦，沙子跑到我的眼睛裡面了啦！

風格這件事情其實很重要啊！同樣的東西，用不同的風格去呈現會有不同的風味。風格也是讓你被觀眾喜歡或注意的關鍵。

舉個例子好了。你可以用搞笑幽默的風格拍鋼琴教學影片，你也可以用嚴肅正經的風格拍鋼琴教學影片。每種風格都會吸引到不同的群眾。我今天想要看輕鬆幽默的教學影片，我就會選擇前者；我喜歡比較正經的，就會選後者。沒有哪一種風格比較好，只有哪一種風格比較符合哪些特定的觀眾。

如果你現還不知道你的風格是什麼，沒關係，可以慢慢來啊。等你影片越拍越多，慢慢地就可以找到你自己最舒服、最適合的風格以及呈現方式，到時候那個就是你獨一無二的影片風格啊！

決定好自己想要從模仿誰開始，或者你已經找到自己風格的

方向後，那我們就要開始準備來當 YouTuber 了哦！

學會寫腳本

再來我們要開始籌備拍影片了哦！拍影片之前，必須寫腳本，任何的影片，都是從腳本開始。腳本有點像是設計藍圖。腳本就是影片的文字版本。就算是生活紀錄性質的影片，很多時候也都是有腳本的哦！

寫腳本沒有一個制式的規定，讓人看得懂最重要！如果是要寫給其他人看或者要寫給廠商看，就盡量在腳本裡面詳細說明所有事情。如果只是寫給自己看，那腳本當然只要自己看得懂就好了。舉個例子吧。

有一天一個火柴人走在路上，遇到一個人問他說咖哩味大便跟大便味咖哩一定要吃一個，你要選什麼？火柴人非常苦惱，並且學柯 P 抓頭然後他就燒起來了。

以上這個大概就是寫給自己看的腳本，非常簡單扼要。這些劇情以及畫面其實在創作者腦中已經有一個雛形，自己在拍攝的時候，有這些文字做提醒，其實就可以拍影片了。

可是對於其他人，看到這段文字可能還是會疑惑：火柴人的造型是怎麼樣？是一個人扮演火柴嗎？還是要用 3D 去做呢？火柴燒起來會怎麼呈現？所以，如果是要寫給其他人看，可以再用詳細一點的方式去寫這樣的腳本。

但如果你問我：「我想要拍生活類型的影片，看起來很隨性很臨場發揮的東西，還需要什麼腳本嗎？」

我知道很多創作者在拍對著鏡頭輕鬆講話的影片，其實是照著腳本一句一句唸，然後再去剪輯啊！

但如果真的要臨場發揮呢？其實有腳本也會讓你在拍影片時

更有邏輯，更知道現在要幹嘛。就拿開箱文來説好了，寫給自己看的腳本會像這樣：

1. 自我介紹。

2. 拿出箱子。

3. 開箱（要怎麼製造驚喜感）。

4. 拿出內容物。（浮誇？鎮定？無言？）

5. 開始介紹並且試用。

6. 怎麼試用？

7. 拿內容物去做創意延伸。

8. 說感想，結尾，叫大家訂閱頻道。

以上用非常簡單的文字去提醒自己整個開箱影片的流程。當然如果今天這個腳本要寫給別人看，越詳細越好。所以不管要拍什麼影片，試著先著筆寫寫看腳本吧！！

腳本練習

地點：公園

時間：白天

口白：一個火柴人有一天走在路上

（主角穿著火柴人的造型走在公園）

口白：遇到一個人問他說

（火柴人看到一名男子）

男子：咖哩味大便跟大便味咖哩一定要吃一個，你要選什麼？

口白：火柴人苦惱並且學柯 P 抓頭然後他就燒起來了。

（火柴人聽到問題深思，表情苦惱狀。並且開始抓頭，頭開始起火。火焰用特效呈現。）

腳本寫得越清楚，在與其他人討論腳本的時候也會比較有畫面，才更可以讓討論有效率。

學習畫分鏡圖

分鏡圖有點像是影片的圖畫版本。戲劇類型的影片比較需要分鏡圖。分鏡圖是讓創作者在拍攝之前對影像更有畫面。有時候即使只有自己拍攝，有分鏡圖後，拍攝當下也會更有效率。畫面的呈現基本上已經在畫分鏡圖的時候決定了，拍攝的時候就不用再煩惱要用什麼樣的鏡位（拍攝主體在畫面中的角度和比例）。

分鏡圖有點像是用漫畫的方式去呈現影片。有了分鏡圖之後，不只讓自己拍攝當下會比較清楚哪些橋段要怎麼拍，也讓看完腳本不清楚影像是怎麼呈現的人對畫面有些概念。

事前畫分鏡圖，拍攝當下也可能比較不會發生一些拍攝上的錯誤，例如違反 180 度假想線規則（請見 P.110），或者跳接（Jump Cut）（請見 P.130），雖然畫分鏡圖會需要多花些時間，但是對於拍攝真的很有幫助唷！

這是我其中一支影片的分鏡圖：

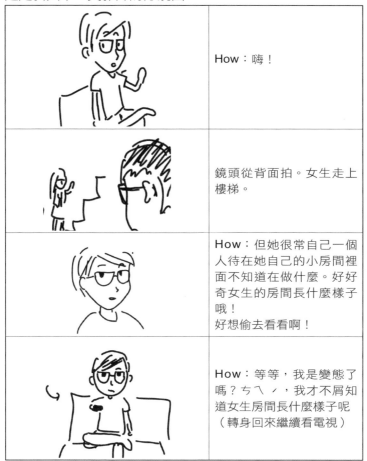

	How：嗨！
	鏡頭從背面拍。女生走上樓梯。
	How：但她很常自己一個人待在她自己的小房間裡面不知道在做什麼。好好奇女生的房間長什麼樣子哦！ 好想偷去看看啊！
	How：等等，我是變態了嗎？ㄘㄟˊ，我才不屑知道女生房間長什麼樣子呢（轉身回來繼續看電視）

因畫面需求須事先規劃

拍攝之前有一些東西也要先規劃好，拍攝的過程才可以比較順利進行。

比較常見的像是場地要去哪裡拍？場地需要事先申請嗎？到時候場地會有很多路人嗎？當天會有誰一起去拍攝嗎？道具都準備好了嗎？攝影器材都準備好了嗎？相機電池充好電了嗎？最重要的是那天的天氣怎麼樣？我有很多次都已經準備好所有的道具，搭客運跑到要拍攝的地點，才發現那邊一整天都在下雨……我完全忘記查天氣預報啊！

另外，比較需要注意的進階事項是，如果某些畫面要使用綠幕（請見 P.118），或者是要用簡單 Rotoscoping（請見 P.152）去呈現特殊的效果，在拍攝前也要有計畫，拍攝當下才會比較順利哦！

現在後製技術非常發達，很多拍錯或拍壞的東西都可以靠後製彌補，但非常花時間，有時候重拍或許還比較省時。所以為了體諒後製的辛苦，我們就在事前把影片拍攝規劃好吧！

二、要開始拍片了，我要準備哪些器材呢？

相機

當然，我們需要一台可以錄影的相機。現在相機有千百種，要怎麼挑選符合自己期望的呢？首先你要問問自己拍影片的需求是什麼？你想要拍什麼樣類型的影片呢？不同類型的影片有不同相機的需求哦！先來介紹一下常見相機的類型吧。

單眼相機

這應該是目前最多人在使用的相機類型。單眼相機不只可以拿來拍照，拿來錄影也非常好用！單眼相機可以調整的功能

非常多，可以手動調整光圈、快門速度、ISO 值等等。單眼的鏡頭也可以調整手動或者自動對焦，這點對於 Vlog 或者戲劇影片都非常重要！最重要的是單眼相機可以換鏡頭，所以可以用不同焦距的鏡頭拍不同的畫面哦！我非常建議大家試試看使用單眼去拍戲劇類型的影片。

聽起來單眼感覺很強啊！可是單眼當然也有缺點哦！單眼相機本來原則上是用來拍照用，長時間錄影常常會讓機器過熱。所以單眼相機不太適合長時間錄影。如果今天你想要錄一場一小時的表演，那可能就不建議用單眼去拍。另外單眼一般來說都滿重的，如果今天你想要邊旅行邊拍遊記，一直拿一台單眼其實滿麻煩的（我自己是覺得很麻煩啦，又重又佔空間）。另外拿單眼錄影很容易手震，如果沒有搭配輔助的穩定器，很容易讓畫面一直晃來晃去。

DV 錄影機

我大學的時候都是在用 DV 錄影機拍攝（以下簡稱 DV）。DV 的好處是可以長時間拍攝，而且 DV 大部分是使用硬碟而非記憶卡，記錄影像比較快速且穩定。

像我自己在使用單眼錄影，如果用到品質不好的記憶卡，拍攝常常會發生故障並終止錄影。DV 防手震功能比單眼相機好很多，影像晃動情況不會像單眼那麼嚴重。但一般來說 DV 沒辦法更換鏡頭，沒辦法使用太多的焦距去拍攝。而且 DV 使用的鏡頭景深較深，較拍不出淺景深的畫面。

類單眼相機

所謂的類單眼相機就是有單眼相機操控性能的數位相機。大部分功能跟單眼相機一樣，可以自行調整快門速度、光圈等等。

但是很多類單眼相機不能換鏡頭，有些類單眼也不能使用手動對焦。錄影時如果沒有工具輔助，手震也會很明顯。但是類單眼輕巧方便，很適合隨身攜帶拍攝。

運動攝影機

運動攝影機最常看到的就是 Gopro 吧。這種攝影機體積超小，很適合讓你邊移動邊拍攝。而且它比類單眼更適合長時間錄影。但運動攝影機大多不能變焦，運動攝影機的收音功能也相對差。

智慧型手機

大家是不是都忘記其實手機也可以拍攝影片呢？手機拍照功能越做越強，甚至很多手機錄影功能也可以調整快門速度跟光圈。許多用手機拍攝的影片品質好到你根本看不出來他是用手機拍的！

但使用手機錄影的缺點就是無法拍攝太長時間的影片，應該說非常不長……畢竟大部分人手機容量裡面還裝很多 APP、照片，根本沒辦法拍太長的影片啊！手機收音的功能不算差，如果只是要拍攝簡單影片，手機就很夠用了！

行車記錄器

不要把它從車上拿下來啦！你看，你爸生氣了吧。

HOW FUN 小教室　　相機功能整理

再來幫大家做個重點筆記整理。

單眼相機
優點：可更換鏡頭、操作調整功能多、可外接的器材多樣化
缺點：很重、不適合長時間錄影、容易手震

DV 攝影機

優點：可長時間拍攝、防手震功能較強

缺點：無法換鏡頭，景深較深

類單眼相機

優點：操作調整功能多、攜帶方便

缺點：不適合長時間錄影、不能換鏡頭

運動型攝影機

優點：操作調整功能多、攜帶超方便、適合長時間錄影

缺點：不能換鏡頭、無法手動對焦、收音功能差

智慧型手機

優點：人手一隻、攜帶方便

缺點：不能換鏡頭、無法手動對焦

選用相機之前，先想想怎麼樣的相機適合自己的影片類型。如果還不確定，先去跟朋友借一台相機來玩玩看吧。咦？沒朋友？「哼，強者是不需要朋友的。剛剛說跟朋友借一台是開玩笑的，強者都直接偷同學的來用呢。」被逮捕正在看守所裡面的強者於是說道。

應該很多人對於相機功能非常陌生，對於一些專有名詞好像都聽過，但又一知半解。上面有講到一些名詞，你可能也不知道這個作者到底在寫三小。那我們現在來教大家一些簡單的相機常識吧！

HowHow の相機入門小教室

光圈

相機的鏡頭裡面有一個可以調整洞口大小的裝置，洞越大，光進來越多，洞越小，光進來越少，這個裝置就叫做光圈。

我們有時候可以看到什麼 f/1.8，f/16 這些東西，這些代表光圈的數值。數字越小，光圈越大。而光圈越大，光進來的越多，影像也越亮。

而光圈越大，景深會越淺哦。欸等等啦，什麼是景深啦？等等嘛急什麼呢？就說我最討厭年輕人了，血氣方剛的。後面會講到哦！

快門速度

當我們在拍照的時候，相機的快門會打開並且立刻關起來。相機的底片（感光元件）就趁這瞬間接收到拍攝物品的光並且成像。而快門打開的時間就是快門速度。快門速度越快，光進來得越少，畫面越暗。快門速度越慢，光進來得越多，畫面越亮。

還記得國小數學嗎？快門速度是用秒來當單位。1/1000 秒就

是代表快門用 1/1000 秒的速度開關一次。你有聽過長曝光的照片嗎？就是把快門速度調很慢，快門開關一次的時間變很長，這段期間之內的光影變化都會被相機給捕捉哦！拍照有時候會晃到也是這個道理。因為快門時間比較久，如果在快門開關時間之內手晃到，或者拍攝物體在動，就會拍出所謂晃到的照片。

就影像來說，快門速度如果調比較慢，畫面會比較亮，但是拍攝物體比較容易產生動態模糊。什麼是動態模糊呢？就是你的拍攝物體在曝光期間之內移動造成的明顯痕跡。舉個例子好了。如果你是用 1/25 秒的快門速度拍攝一滴水從屋頂上滴下來，這滴水可能就會變成一條線。但如果你用 1/2000 秒的快門速度拍攝，就比較能捕捉到那滴水的影像。其中動態模糊跟 fps（frame per second）也有關係哦！

fps（frame per second）

大家應該很常聽到動畫或電影一秒有幾格這種事情，但這是什麼意思呢？影片都是由很多連續的圖片所組成，一般的影片一秒會有 30 張圖片（其實是 29.97 張，但這邊自動進位，大家比較好理解），我們把這些圖片稱為影格（frame）。所以我們在做卡通影片的時候，都是將很多張連續的圖片一格一格播放，人的眼睛看起來好像就是一個連續動態的影片。

電影、電視以及網路影片不一樣，通常是一秒 24 格，我們把它叫做 24fps，一般的網路影片是 30fps。當你開啟剪輯軟體的時候，會發現時間軸的形式是長這樣：1:23:45;21。第一個 1 是小時，23 代表 23 分，45 是 45 秒，而分號後面的數字代表第幾個影格。這個例子是代表 1 小時 23 分 45 秒第 22 個影格（00 是第一個影格。也就是說 23 代表的是第 24 個影格）。

通常 24 到 30fps 大概是我們肉眼習慣的影格數。

另外，大家知道電動遊戲都是 60fps 嗎？為什麼電玩遊戲要用每秒 60 格的速度在播放遊戲畫面呢？因為電腦在呈現遊戲畫面的時候，比較難去加上動態模糊的效果（遊戲機效能的問題）。

如果用 24 到 30fps 的速度去播放沒有動態模糊的連續圖片，肉眼看這些圖片會覺得斷斷續續的，所以遊戲才利用 60fps 的速度去彌補這樣的問題。我們在看 Stop Motion（逐格動畫）的影片是不是也有一種不自然的感覺呢？也是因為這類型的影片很難去呈現動態模糊哦！

解析度

大家應該都有聽過什麼 720? 1080? 或者是最近很紅的 4K。這些數字都是代表影像尺寸。解析度越高畫質越好。影像是

由很多的像素（pixel）組成，我們目前最常見的影像尺寸比例為 16:9。像是 720 的影片，就是由 1280 pixel×720 pixel 組成。1080 的影片就是 1920 pixel×1080 pixel。我們常見的 4K 比較不太一樣，他的影像尺寸是 1.9:1。4K 的影像解析度為 4096 pixel×2160 pixel。

ISO 值

ISO 是指感光度，是衡量底片對於光的靈敏程度。（維基百科是這樣寫的啦）。ISO 值調越高，拍出來的照片越亮，但是影像會有越多雜訊，尤其是陰影暗處越嚴重，看起來畫質會變差。ISO 值越低，照片越暗，但是畫面會比較銳利和清晰。所以 ISO 值可以搭配光圈或快門速度去做調整哦！

現在單眼相機基本上可以調整的 ISO 值大概是 100 ～ 6400。所以要用怎麼樣的 ISO 值，就看當時拍照的情況。

白平衡

我們人的眼睛有能力可以在各種場合將白色的光認定成白色，而不會看成其他顏色。但相機就沒有這種功能，所以你必須去設定你的相機，讓他知道現在這個情況，真實的光是什麼顏色。

我們先來聊聊色溫吧！什麼是色溫呢？不同的場景會有不同的色溫。太陽光底下的色溫大概是 5500K（K 是色溫的單位），燈泡色溫大概是 2700K，而陰天的色溫是 7000K。色溫數值越低，顏色越紅；數值越高，顏色越藍。

假設我們在陰天（7000K）的場景拍攝，沒有特別去調整白平衡，我們會發現畫面偏藍。所以如果我們把相機的白平衡功能設定在 7000K 左右，相機就會自動幫我們補橘紅色進去，這時候畫面就會看起來較正常。

如果今天你是在太陽光底下拍攝，色溫約是 5500K，大概就是我們人眼所認知的白色光線環境。若是相機的白平衡不小心調錯，調成 3200K，相機會以為你在一個光線偏橘紅的地方攝影，就會自動幫你補藍色進去畫面。但我們原本的畫面是正常的白色啊喂！這個時候你的畫面就會看起來很藍哦！抓到了，藍的。總而言之，大家在拍攝的時候，也要注意一下白平衡啊！不然有時候會發現影像的顏色變很奇怪呢！

焦距

我們有時候聽到攝影強者們在那邊討論說：「欸我買了一顆 18-55mm 的鏡頭哦！」這個時候你應該會想說：供三小講中文好嗎？ 18-55mm 到底是什麼意思呢？這些數字代表的焦距（也稱為焦段），也就是焦點距離。

大家還記得高中物理嗎？

1/Ro + 1/Ri = 1/f

Ro ＝物距

Ri ＝像距

f ＝焦距

我們在拍攝物體，物體的光經過鏡頭，反射聚焦到感光元件
（底片）上面成像。物體到鏡頭的距離就是物距。鏡頭到感
光元件的距離就是所謂的像距。而這兩者的距離數值放到公
式裡面，就是所謂的焦距。

焦距越長，視角越窄，畫面會放大。焦距越短，視角越廣，
畫面會縮小。18-55mm 鏡頭代表它是一顆可以從 18mm 的
焦距改變到 55mm 焦距的變焦鏡頭。18mm 就是比較短的
焦距，所以可以得到的視角比較廣。55mm 就是比較長的
焦距，視角比較窄，但可以把視野放大。我們在使用單眼，
不是有時候可以把鏡頭旋轉變長嗎？因為我們要改變焦距

（f），焦距變長了之後，因為要清楚讓影像成像（符合公式），所以像距（Ri）也會跟著變長，像距變長，相機的鏡頭就會因此伸長就是這個道理哦。

對焦跟變焦

我們常常會搞混對焦跟變焦是什麼意思。相機的鏡頭通常都會有變焦環以及對焦環。所謂的變焦環，就是相機鏡頭上比較靠近機身的那一環，它可以改變「焦距」。所以把鏡頭 zoom in（把焦距變長、畫面放大的意思），把鏡頭從 18mm 變成 55mm，或者把鏡頭 zoom out（把焦距變短、畫面縮小），把鏡頭從 55mm 變回 18mm，這樣的動作就是變焦。

對焦環就是相機鏡頭上靠近鏡頭蓋的那一環。我們今天不改變焦距（f）跟鏡頭和物體之間的距離（Ro）的時候，要讓影像清晰，就要改變像距（Ri）。所以對焦就是改變像距使物體清晰哦。

也就是說對焦是一個改變像距（Ri）的過程，而變焦就是一個改變焦距（f）的過程。

景深

大家應該很常聽到景深這個字眼吧！但景深是什麼意思呢？景深就是相機對焦點前後相對清晰的距離。我們今天舉一個例子來說明好了。老師從講台上用相機拍台下的學生，班上學生前後總共坐十排。照片裡面從第三排到到第八排的學生都清楚的成像，那清楚成像的第三排到第八排這段距離就是所謂的景深。

那什麼叫做淺景深或者深景深呢？淺景深就是景深的距離很短。拿剛剛的例子來說，如果這個照片只有第五排的學生清楚成像，其他排的學生都是模糊的，那這個照片就是所謂的淺景深，因為照片清楚成像的距離很短。如果今天第一排到最後一排的學生，甚至連教室後面的佈置都清楚成像，那這

景深就很寬，也就是所謂的景深很深。

所以未來想拍出主體是清楚的，但是背景是模糊的照片，不要再說「我要拍出有景深的照片了哦！」而應該是說：「我要拍出淺景深的照片！」

至於如何拍出淺景深的照片呢？把光圈調大，或者把焦距調大都可以拍出淺景深的照片哦！那如果想要讓前後所有物體都清楚成像，那就把光圈調小吧！

在拍攝照片或者影片，光圈大小、快門速度跟 ISO 值都是可以互相去照應對方的。我們今天來做一個小小的測驗吧！做完下頁習題你就可以比較清楚這三個功能之間要怎麼去幫助對方，並且拍出一個漂亮的影片或照片哦！

景深拍照練習

HOW FUN 小教室

小明今天在大太陽底下拍攝影片，想要拍攝的主體是對焦的，但背景模糊的感覺。請問這樣該怎麼調整相機的數值呢？

在大太陽的情況下，因為光線非常充足，我們 ISO 值就不需要調高，大概 200 到 400 左右就可以了。ISO 值越低，影像也越沒有雜訊哦。再來因為小明想要呈現「淺景深」的效果，所以我們光圈就開大一點。但這個時候你會發現，欸欸等等，在大太陽底下把光圈開大，畫面有點變太亮了。所以這個時候我們就把快門速度調快一點，讓每次快門開闔進來的光少一點，影像就不會這麼亮了。

要怎麼去熟悉運用光圈大小、快門速度跟 ISO 值，請大家拿起相機，好好地去練習啊！

週邊配備

除了相機以外，拍攝的時候還需要什麼東西呢？要拍攝基本的東西，其實有相機就已經很夠用了。但是強，還要再更強，為了讓影片更上層樓，我們就需要其他東西來輔助！

拍攝的時候有一個腳架很方便，用手持很多時候會手晃，要是用腳架就沒有這個問題。而且如果你跟我一樣沒什麼朋友，只能自己一個人拍攝，這時候就很需要用到腳架啊！有一些特殊的鏡頭也一定需要用腳架，像是要讓一個畫面出現同樣兩個人。用腳架固定住相機，然後拍攝兩個畫面後再去做後製。如果很好奇一個畫面要怎麼同時出現兩個人的讀者，別急，後面的章節會再來跟你説！

打光

欸欸 HowHow，我的影片需要打光嗎？打光不只可以讓拍攝主體看起來比較明亮，他可以可以讓拍攝主體跟背景利用明

暗區隔開來，讓人的眼睛一看到影像，就注意到拍攝主體。未來你在拍攝不只是戲劇影片，開箱、試吃或者是直播，試試看加一盞燈，會發現畫面會變很不一樣哦！

打光有很多方式，但最常見到的是三點打光。主光就是畫面最主要的燈光來源。補光是打亮主光所造成的陰影。最後是背光，功能是利用從後面打來的光在主體造成的光圈效果，讓主體與背景有所區隔。

打光算是比較進階一點的輔助，對於初學的創作者來說，就把它想成把拍攝物體變亮的一種手段就好了！

麥克風

麥克風當然就是用來收音的，但相機本身就可以收音了啊？為什麼還需要麥克風呢？

不知道你有沒有發現用相機播出來的聲音，空氣音非常的大聲呢？就算我們不講話，拍攝環境一定會充斥著的各種環境音以及空氣音，這個時候如果沒有用額外的麥克風去輔助，在拍攝影片很容易把這些雜音都收進去哦。

拍攝用的麥克風，大部分都是使用指向麥克風。也就是麥克風收音的範圍是麥克風所指向的地方。如果麥克風指向前面，那麥克風就比較不會收到來自後面的聲音。

我自己拍攝也都是用指向型麥克風在錄音。有時候當我人站在攝影機後面訪問攝影機前的被攝者，我會發現我的聲音變得非常的小聲，因為我的聲音是從指向行麥克風的後面發出。額外接麥克風的好處，是可以降低很多環境空氣音，影片的聲音會比較乾淨，音質也會比較好。

你可能會發現有時候有人的麥克風外面裝著一個毛毛的東

西，那是什麼造型？那個其實是用來阻隔風聲。如果麥克風沒有裝那個毛毛的東西，只要有風吹來，很容易收到風聲，而且很多時候風聲會破壞掉整個影像的聲音。幫麥克風穿毛毛的衣服有時候很重要啊。

穩定器

穩定器的功能就是讓你手持相機的時候，讓影像不會產生太劇烈的晃動。有時候邊走邊拍，影像會一直跳動。但如果你有穩定器，畫面會變得較順暢，觀眾在看也會減少很多暈眩感。但穩定器通常不便宜，而且也需要一點時間來練習，但如果熟悉它的話，絕對會讓影片的質感更上層樓哦！

三、HowHow 個人設備大公開

1. Blue 麥克風：在錄製影片口白時很好用的麥克風！在直播時我也會用它來當麥克風。

2. Canon G7X：隨身攜帶很方便的類單眼相機。當我出遠門不想帶沉重的單眼相機時，我都會用它來記錄照片或影像。

3. 腳架：嗯，就只是腳架。但他卻是我拍片最重要的朋友

呢！當沒人陪你拍片，只有腳架會無怨無悔地在你身邊陪著你唷。

4. Samsung Galaxy Note 8：連介紹個設備也要業配？不是啦這真的是我的手機。手機錄影功能真的越來越強大，當我很臨時想要拍攝，但手邊卻沒有攜帶任何攝影設備時，手機就是一個很好用的拍攝工具哦！

5. Canon 650D：他雖然只是一台很初階的單眼相機，但對我來說已經非常夠用了。擁有反轉螢幕的單眼相機，在拍攝自己時用來對焦跟確認構圖非常好用哦！

6. Samsung Gear 360：可以拍攝 360 度影像的攝影機。360 度的影片可以拍攝環景的影像，記錄所有視角。我在皂飛車影片裡就是使用這台攝影機。

https://youtu.be/VLMw93K9vPs?t=2m32s

皂飛車大賽影片

HOW
FUN
Part
3

拍片技巧
大公開！

拍影片不只是按下錄影按鈕這麼簡單啊！再來要來跟大家分享一些拍攝上面的小知識哦！

拍片技能
學會後會更強的

一、開始拍攝了！你一定要知道的小技巧

(構圖)

構圖就是對於拍攝主體在畫面中的配置。好的構圖可以增加觀眾對於影像的注意跟喜歡。兩台一樣的相機，拍攝一樣的東西。所有的光圈啊什麼的都調的一模一樣，可是只要構圖

不同，就會有完全不同的感覺。

很多時候我們拿起相機在拍物品，很直覺的都會把它放到畫面正中心。放在正中心拍不一定是錯的，但如果可以多運用空間、物品跟畫面的比例，會讓構圖更有趣。

最常見的構圖有三分法。把畫面上下跟左右各切成三等分，就有點像是玩圈圈叉叉畫的九宮格，然後我們把拍攝的物體放在這些交叉的點上。當我們把物體放到這些點上，不只在畫面可以看到主體，也可以保留恰當的空間感，讓畫面比較舒服。

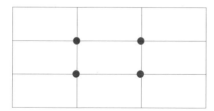

三分法，拍照、攝影時，可以把畫面分割成九宮格，
物體可放在九宮格的交叉點。

我自己在拍攝兩個人對話的時候（自己跟自己對話⋯⋯嗚嗚），我也都會使用三分法。我會讓人物放在畫面中 1/3 的位置，而另外 2/3 留背景，藉此製造正在講話的人與畫面外另外一個人中間的空間感。哼，不要以為我的影片都是廢到笑，有時候只有廢沒有笑的影片，我也是會花時間在構圖的啊。等等，我不是藝術咖啦，你就算這樣說我，我⋯⋯我也是不會開心的唷～嘿嘿哈哈哈呵呵呵嘻嘻吠吠。

什麼是 zoom in? 什麼是 dolly in?

zoom 就是變換焦距。我們前面有提到的變焦，其實就是 zoom。zoom in 的意思就是利用焦距變長，將拍攝主體畫面放大。zoom out 就是反過來，將焦距變短，將拍攝主體縮小，同時讓畫面有更寬的視野。

dolly 是軌道的意思。dolly in 的意思是將攝影機放在軌道上面移動靠近拍攝物體。而 dolly out 則相反，是移動攝影機遠離

拍攝物體。

zoom in 跟 dolly in 到底有沒有差別呢？不都是將拍攝物體放大嗎？這兩者最大的差別在於畫面構圖會改變。

你將攝影機 zoom in 之後，其實就只是將畫面放大，拍攝畫面的構圖不會改變。而 dolly in 是讓攝影機靠近拍攝物體，拍攝物體不只會放大，跟畫面中其他拍攝物體的構圖也會改變。你應該會想說，HowHow 你到底在供三小？那我來舉一個例子好了。

你今天在房間中央的桌子上放一台筆電。你拿攝影機拍這台筆電，當你 zoom in 的時候，筆電和房間的背景在畫面中一起等量被放大。但當你 dolly in 的時候，因為攝影機向筆電靠近，筆電在畫面中會被放大，可是你會發現背景房間的放大量會比較少。比較靠近鏡頭的物體，當攝影機在移動的時

候，大小和位置改變量會比較多。而離攝影機較遠的物體，在攝影機改變位置的時候，變化量會相對較少。

再舉一個極端的例子好了。一個肥宅站在草原上，遙遠的背後有一座山。攝影機向這個肥宅移動靠近，肥宅相對山的比例越來越大，你也感覺越來越臭，但是後面的山幾乎沒什麼改變，因為太遠了。而且移動的過程，山被肥宅擋住的部分會越來越多，因為攝影機拍攝山的視野在往肥宅前進的過程中被肥宅漸漸遮住了。

所以攝影機在發生構圖改變的時候，你就會知道攝影機有在移動。但如果今天只是畫面的放大或縮小，很明顯可以看得出來只是攝影機在變焦而已。

但什麼時候要用 zoom 什麼時候要用 dolly 呢？ zoom 因為是靠鏡頭焦距的變化去改變畫面的大小，畫面中主要被攝物體

以及背景的位置關係不會改變。對觀眾來說這樣的畫面看起來會比較「人工」。

我們人用肉眼看物品，如果想要讓物品在我們視野裡面放大，一定得要走近物品。這個時候物品以及背景的關係位置就會改變。我們人眼看出去的視野不可能會發生「不改變位置關係」的放大或縮小。也就是說 zoom 的鏡頭比較不自然，我們也會覺得 zoom 的鏡頭很明顯就是有攝影機的存在。相反的，dolly 的鏡頭是改變攝影機的位置，被攝主體放大或縮小後，主體以及背景關係位置的變化也如我們大腦所預期，也就是說這樣的鏡頭畫面對觀眾來講比較自然。

那這兩種方式用在拍攝上面會呈現什麼樣的效果呢？

假如今天畫面是一個人在 ATM 很驚訝地發現自己被詐騙了。今天如果使用 zoom in 的鏡頭，觀眾會覺得這個畫面的放大

很「人工」，所以會下意識地認為應該是有攝影機在側拍這位被詐騙的人。這樣的畫面適合用紀錄片形式的影片，或者用在望遠鏡視野第一人稱視角的畫面。

如果今天用 dolly in 的運鏡，因為被詐騙的人跟背景位置關係的改變，觀眾會有一種真的在慢慢靠近這個人的感覺。所以這顆鏡頭會有一種慢慢進入他內心的氛圍。要用什麼樣的方式去呈現這個畫面，就看自己劇情的安排囉！

所以總而言之 zoom 跟 dolly 的差別是：

	拍攝主體	背景
zoom in	放大	放大
zoom out	縮小	縮小
dolly in	放大	不變
dolly out	縮小	不變

那聰明的你如果想説，欸欸，如果 zoom 跟 dolly 一起用會發什麼時事情呢？

哦哦！問到重點了！今天看到這本書算你賺到，因為今天要來教你們一個超酷的運鏡，傳説中的 dolly zoom ！

我們今天畫面還是一樣是一個肥宅站在草原，背景是山。我們今天鏡頭 zoom in 這個肥宅，可是這個時候，我們攝影機使用 dolly out 遠離這個肥宅。這樣會發生什麼事情呢？zoom in 會把肥宅跟背景一起放大，可是 dolly out 會把肥宅縮小，可是背景原則上不會有太多的變動。這樣的話肥宅的大小不會變，可是背景會放大。也因為攝影機遠離肥宅，原本某部分被肥宅擋到的山會顯示出來。這樣的畫面會有一種背景漸漸放大，吞噬主體的感覺。

如果反過來，zoom out 同時也 dolly in，拍攝主體大小不變，

可是背景有慢慢縮到主體裡面的感覺。這種超現實的鏡頭很適合用在驚訝的情緒或者超現實的鏡頭！讀者們有空可以去嘗試看看這樣的效果哦！很有趣！

可是這樣的鏡頭很困難的是你要同時調整變焦環以及對焦鏡。要 zoom in 或者 zoom out 會用到變焦環，但是攝影機靠近或遠離拍攝物體，因為物距改變，就要調整對焦環讓拍攝物體對到焦。一次要調整兩個環很多時候需要另外一個人來輔助，所以一般在拍電影的時候，攝影師旁邊都會有攝影助理（們）在輔助拍攝哦！

快來掃描 QR code，看看 dolly zoom 在影片裡是什麼感覺哦！
影片一開始，我抽出筆的那個鏡頭就是 dolly zoom。

連戲

我們在拍攝影片的時候，一般來說是由很多剪輯的片段去構成。連戲的意思就是同一個事件，前一個片段跟後一個片段必須要連接得上。

我們就用最簡單的服裝連戲來講吧。如果這個鏡頭主角穿紅色衣服走路，但突然下一個鏡頭主角變成穿藍色衣服。這樣就是服裝不連戲。真實生活中不可能有人走路走到一半衣服突然變色。所以影片發生不連戲的情況會讓觀眾很覺得奇怪。

再來就是動作連戲，前一個鏡頭最後的動作，要能銜接上下一個鏡頭的第一個動作，這就叫做動作連戲。舉個例子吧！第一個鏡頭是小明看著小美舉起手來打招呼，第二個鏡頭是小明看到小美不理他，然後小明擺出無言臉。第一個鏡頭小

明將手舉起來，如果第一個鏡頭小明沒有將手放下，第二個鏡頭小明應該也要將手舉起來，不然就會發生動作不連戲。

我自己在拍攝的時候也會很注意動作連不連戲。拍攝鏡頭之前我會問自己說，咦？剛剛的鏡頭我有將手舉起來嗎？如果有的話，我現在這個鏡頭一開始就要先將手舉起來，這樣才會合理。

180 度規則

當攝影機在拍攝兩個人的時候，這兩個人的連線就是一條180 度線。當攝影機在拍攝的時候，選定一邊之後，就不能再跨越這條線了。180 度規則是維持空間連續性一個很重要的規則。但以上這些看似中文又不像中文的文字，讀者讀完上面那段只想吐槽你到底在説什麼啦！ 180 度規則到底是什麼意思呢？我來舉個例子吧。

下頁的圖（請見 P.112），大家可以清楚看到左邊拿椅子的人面對著右邊手舉起來的人講話。這兩個人用一條線連起來，當攝影機選定要在線的哪一邊拍攝之後，就不能跨越這條線。否則會造成空間上的不連續性。

攝影機在線的下面拍左邊的人，左邊的人在鏡頭裡面是對畫面右邊講話。而攝影機在線的下面拍右邊的人，右邊的人在鏡頭裡面是對畫面左邊講話。即使這兩個人沒有同時出現在同一個畫面，觀眾也可以知道兩個人是互相在看對方。因為拍攝符合 180 度規則，因為空間的連續性，讓這個剪輯是合理的。

但如果違反 180 度規則會怎麼樣呢？我自己在拍攝的時候，有時候一個沒注意就會不小心違反這樣的規則。

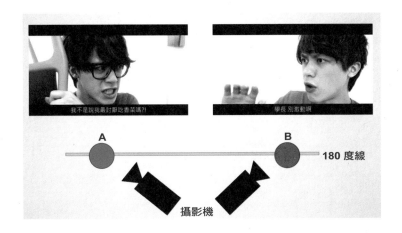

剛剛的劇情是左邊那個人很生氣地拿椅子要打右邊的人，打下去之後，下一幕是右邊的人躺在地上流血並且無言的看左邊的人。但我自己在拍攝這幕的時候，我發現我拍錯了。

大家可以發現，我的攝影機不小心跨越這條線了。雖然在片場，右邊那個人還是面向左邊的人，可是在畫面裡面，右邊的人卻是盯著畫面右邊看。這個時候觀眾就會錯亂了，明明左邊的人應該在畫面的左邊，可是為什麼右邊的人卻要盯著

右邊看呢？按照影片邏輯右邊的人應該還是要看左邊的人，可是影像卻呈現相反的畫面。違反 180 度規則會讓觀眾覺得畫面呈現怪怪的，如果不知道這個規則的觀眾，就會有種說不上來的奇怪感覺。

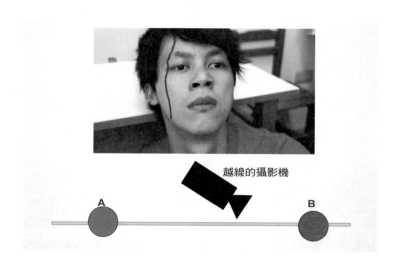

違反 180 度規則的事情不只是初學者會犯，就連很多院線的電影有時候都會不小心發生這樣的問題。如果當初在拍攝的時候，工作人員沒有記錄好攝影機和演員的相對位置，就很

容易發生這樣的問題啊！

至於有些方式可以打破 180 度規則，像是用遠景建立角色位置等。有興趣的讀者可以上網去查查哦！

打板

拍電影的時候，很常看到有人在打板。但打板到底是做什麼用的？導演喊 Action 之前，為什麼要打那個板子？

其實打板是要給後製的人看的哦！我們一般在用相機拍攝，聲音和影像是同步一起錄在影片裡面。但是很多時候的拍攝，聲音跟影像是分開錄的。為了要讓剪輯師能準確地將聲音跟影像結合在一起，就需要打板。剪輯師在後製的時候，會把板子合起來的那聲「啪」，去對到影像中兩片板子合起來的瞬間。如此一來剪輯師就可以確定之後的影像跟聲音是同步的了。

打板上面通常會寫很多資訊，例如這是第幾幕、第幾個
take。導演在拍影片的時候，都會有一個場記在旁邊記錄。
假如導演覺得這一幕的第五個 take（第五次拍的畫面）是最
棒的，就會叫場記記錄下來。之後場記再把這些資訊給剪輯
師，剪輯師再去從這些打板畫面去找到相對應的檔案。

In Camera Effects

什麼叫做 In camera effects 呢？就是不靠後製的方式
去做出特效。其中最有名的例子是錯位效果（Force
Perspective）。錯位效果最常看到的影像大概就是觀光客站
在比薩斜塔前面，然後用相機拍出撐住比薩斜塔的畫面。我
們對於人物與房子的印象就是人會比房子小很多，但是利用
錯位，讓站比較近、看起來比較大的人去跟比較遠看起來比
較小的房子互動，就會產生這樣的效果。下頁教大家一個利
用錯位拍出巨大恐龍的影像。

把恐龍玩具放在相像近的地方，人跑到遠處。利用同樣的水平線拍出錯位的影像。

離相機比較近的地方放一個恐龍玩具，離相機比較遠的地方
站一個人。讓後面那個人的腳剛好與玩具恐龍在同一水平
線。這個時候把景深放大（前面有教過，別忘記了啊咪那
桑），讓兩個人都同時對到焦。這就是一個利用錯位呈現的
影像哦！

利用相機翻轉，讓原本的磚牆形成地板的感覺。

照片中的我看起來像在爬牆，其實拍的時候是在水泥地上爬。其實畫面中的地板是牆壁，而畫面中的牆壁是地板。

翻轉相機也可以拍出很酷的 In Camera Effects 哦。像上頁（P.117）選一個乾淨一點的背景，拍一個人在地上爬，但這個時候把相機轉 90 度，就可以拍出蜘蛛人在爬牆壁的感覺哦。

有一個技術叫做多重曝光，它是一個用底片相機才可以使用的 In Camera Effects。我們在用底片相機拍攝影像時，是將底片曝光取得影像。但如果我們將底片重複曝光兩次，我們就可以在畫面中看到兩個不同影像的相疊在一起。早期的視覺特效影片很常使用這個技術哦！

綠幕

綠幕是一個神奇的東西，很多人都聽過綠幕，但是綠幕到底是幹嘛的呢？他就是一個可以將拍攝物體快速獨立分割出來的一個技術。我舉個例子大家應該可以很快的了解。我們今天在綠色的圖畫紙上面畫一隻黃色的小鴨，我們要把小鴨取

下來，就得要用剪刀將黃色小鴨慢慢地剪下來。但如果今天有一個魔法，我只要彈一下手指，就能讓圖畫紙上面特定顏色的部分消失不見。假設我今天決定這個顏色是綠色，彈一下手指，圖畫紙綠色的部分就會消失，就只剩下一個黃色小鴨的圖形了。

我們把這個例子的圖畫紙當成影像畫面，這個魔法就是後製軟體，而彈手指就是點一下滑鼠。後製軟體有能力將畫面中特定顏色給去除掉。我們利用剪輯軟體將綠幕的綠色消除，站在綠幕前面的物體就會巧面地切割下來了。之後我們就可以把這個物體放到任何影片或照片的前面。

氣象預報也是這樣哦，氣象主播站在綠幕前面，之後再把綠色部分去掉，把主播放到衛星雲圖前面，就變成我們看到的氣象預報節目。

二、訓練你的恥力放膽去表演吧！

任何形式的影片其實都是一種表演，不管你是遊戲直播、教知識、Vlog、開箱、美妝、整人、set 好的整人、戲劇、翻唱歌曲等等都是對著鏡頭在表演。

一個好的表演不見得要多扣人心弦，我覺得最重要的是要讓觀眾知道你很認真在表演。表演當然一定要認真，有另外一點也很重要，那就是放開自己盡情的去表演。一開始不要太在乎自己演的好或演不好，只要先問自己有沒有用心去表演？有沒有放膽去表演？有沒有享受表演的過程？我覺得這樣就夠了。

要怎麼讓自己的表演更好呢？除了可以去參考其他人的表演之外，回頭看看自己的表演也是非常重要的過程哦！看自己在影片裡面的演出，自己跟自己開反省會議，是讓自己進步很重要的關鍵。

影片裡面的你，講話有沒有扭扭捏捏？會不會放不開？怕被隔壁室友聽到你在拍影片所以不敢盡興表演？或者朋友當攝影師，你覺得演戲很尷尬所以也演得很尷尬？我自己也會去看自己直播的紀錄檔，我也會發現我講話贅詞很多、有時候言不及義或者把自己的尷尬感染給觀眾。我們看過很多厲害表演者的作品，心裡都會有把尺認為怎麼樣的表演才算及格。所以我們就用這把尺拿去量畫面中的自己吧！自己跟自己多開反省會議，並且討論怎麼樣改進會讓影片或表演更好。久而久之你就會找到一套你最舒適且成效最好的表演模式哦！

這是我穿恐龍裝一個人在家裡附近的公園拍攝。

我自己在拍攝影片的時候其實都是自己一個人在拍影片。一個人架腳架、一個人錄影、一個人演戲。當旁邊都沒有人在看自己拍影片的時候，其實自己也比較敢放膽去表演。但這只僅限於我躲在房間裡面拍。如果這個時候我一個人在戶外拍，而且又穿著奇裝異服的時候，那就是另一回事了。

你有沒有走在路上摔了個大跤、跌個狗吃屎的經驗呢？如果這個時候你旁邊有朋友跟你走在一起，你跌倒後朋友可能會笑你，或者你可能會自嘲說怎麼會跌倒。跌倒尷尬的氛圍會藉由這些嘲笑以及自嘲慢慢地被化解。但想像你今天只有一個人走在路上，你摔個狗吃屎後，完全沒人吐槽你，完全沒人給你自嘲後的回應，就只有路人投向你的目光。這個時候那股羞恥感以及尷尬感就會在你的周圍無限放大，你也會因為這股氛圍無法自拔，直至方休。

在外面拍影片其實有點像跌倒一樣。當我一個人穿著奇裝異

服在光天化日之下拍攝，要忍受其他路人對你投以的異樣眼光。這已經不只是我獨特我驕傲的那種文青生活態度的問題了，這是身為人該有的羞恥心的問題啊！我當時在拍攝上面那張照片的影片的時候，我穿著一個恐龍裝在我家附近的公園跑來跑去。當時公園裡面一堆阿伯在運動，也有媽媽帶小孩子在玩耍。我當下真的羞愧到想直接在公園裡面邊的樹上吊。當時真的是恥力全開的情況下，硬著頭皮把它拍完。拍完之後立刻手刀跑回家，三天不敢出門。

在戶外拍攝影片的時候，如果沒有朋友在旁邊陪你，這時候真的要把羞恥心放在家裡不能帶出來。然後恥力全開吧！勇敢地放膽去表演，然後再奮力地手刀跑回家吧！然後一個人在路上摔個狗吃屎。

三、影片終於都拍好了，那我們來後製吧！

我該使用什麼剪接軟體呢？

市面上有非常多的剪輯軟體，但我到底要用選哪一種呢？其實每一種剪輯軟體的操作模式都大同小異，當你摸透任一款剪輯軟體後，要使用其他剪輯軟體，是可以很容易上手的。

你知道嗎？電腦裡面都有內建剪輯軟體哦！如果你是用 PC，電腦裡面會有安裝「Movie Maker」，如果是 Mac，裡面會有「iMovie」。這兩個剪輯軟體雖然功能比較陽春，但是如果拿來製作基本剪輯的影片，已經很夠用了哦！重點是不用錢啊！初學者想要了解剪輯軟體的模式以及基本的操作方式，不妨打開電腦裡面的 Movie Maker 或者 iMovie 去體驗一下吧！

再來推薦一款剪輯軟體叫做「威力導演」，這是一款很成熟的剪輯軟體，我大學時期都是用這款剪輯軟體在做剪輯，不

管是打字幕或者加基本特效，威力導演都有這些功能，重點是他不太貴，是一款價格親民又好上手的後製剪輯軟體。

我大學快畢業之前，老師推薦一款剪輯軟體叫做「Edius」。很多電視台在剪輯的時候都是使用這款剪輯軟體。我 YouTube 早期的影片，像是《美國行》《我們畢典要表演什麼》《還好我退了》《滿清人做菜都假鬼假怪》等等，都是用這款剪輯軟體在剪輯的。這款剪輯軟體功能齊全，能客製化更多自己想要的效果。但是他的介面比較複雜，需要多一點時間去熟悉跟上手。而且它的價格比威力導演還要貴許多啊！

我目前是用「Adobe Premiere」在剪輯影片。Premiere 的剪輯功能也非常的齊全，如果你對於 Adobe 系列的產品熟悉，那 Premiere 是一款你會很喜歡的剪輯軟體。Premiere 最好用的地方，就是它能和其他 Adobe 的軟體做連結。Premiere 可以支援 Photoshop 的 PSD 檔案以及 Illustrator 的 Ai 檔。

對我來説最好用的功能，就是 Premiere 可以直接跟「Adobe After Effects」（簡稱 AE）做連結。當我用 AE 做好特效，我不用先輸出成影片檔再丟到 Premiere 裡面。我直接可以透過 Premiere 跟 AE 的連結，在 Premiere 裡面預覽特效畫面。但 Premiere 的缺點，第一是它的介面其實滿複雜，需要花點時間去習慣。第二來是它真的非常貴……「Adobe Creative Cloud」的軟體現在不能買斷，只能用租的。看你要租一個月或者一年？要租多少組軟體？都有不同的方案。所以長期來看，使用 Adobe Creative Cloud 系列的軟體比起其他軟體還要貴上許多。

「Sony Vages」以及 MAC 專用的「Final Cut」，這兩個軟體也是非常多人在使用的軟體。但我自己因為沒有使用過，沒辦法分享它們的優缺點給大家。

就像我剛剛説的，每一種剪輯軟體都大同小異，剪輯的模式

其實都差不多。但怎麼樣去針對各個剪輯軟體優缺點去做選擇就看各位去決定嘍！但我覺得最重要的是選擇一個自己用起來最順手，最符合自己影片需求的剪輯軟體就可以了哦！如果你的影片只是需要可以加音樂、加音效、上字幕，並且能夠放上額外的圖片以及影片。**99%** 的剪輯軟體都可以滿足這樣的需求哦！介紹完剪輯軟體後，我們來學學如何在剪輯軟體裡面操作最簡單的剪輯吧。

我用 Adobe Premiere 的介面當例子。下頁這張圖是在任何剪輯軟體裡面都很常看到的畫面。我們把影片們匯入到剪輯軟體的媒體庫之後，可以把這些影片丟到時間軸上面。你可以把媒體庫想成是自己的口袋，而時間軸就是你想要放東西的桌面。決定好要放什麼影片之後，再把東西（素材）從口袋（媒體庫）拿出來丟到桌面（時間軸）上。圖片的左上角有時間數字（Timecode），這我們前面有講過唷，還記得嗎？圖片中的時間數字代表 0 時 0 分 1 秒第 5 個影格（再提醒一次，0 才是第一個影格哦！）。

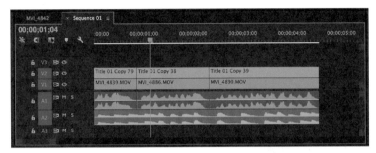

Adobe Premiere 介面

時間軸裡面有影像軌以及音軌。我們用 V 代表影像軌，A 代表聲音軌。軌是什麼意思呢？就是橫向的那條軌道。一般來說影像軌（V）會在時間軸的上面，音軌（A）在下面。把聲音檔案放到音軌時間軸裡面後，會產生音波的圖形。剪輯師可以透過這個音波的圖形，調整聲音在時間軸上面確切的位置。剪輯影片，原則上就是移動和調整在時間軸裡面的影像和聲音哦！

剪輯就是利用安排影像在時間軸出現的順序以及長短，來表達影片的內容。至於怎麼去安排影片的順序以及調整影片長短，就是每一位剪輯師的風格了。同一個腳本、同樣的影片

檔，但如果給不同的剪輯師操刀，會呈現完全不同的影片風格。在剪輯影像的時候，以下有幾點很重要。

動態連戲

剪輯要符合動態連戲。我們在前面有提到過動態連戲，還記得吧！前一個鏡頭跟下一個鏡頭的動作怎麼連接上，就要靠剪輯師了啊！今天如果有一個開門的畫面：

https://YouTu.be/fSkCucXD6B0?t=16s

動態連戲

在剪輯的時候，第一個片段用鑰匙開門，打開一點點之後，然後就剪掉，接下一個片段。下一個片段要從門只開一點點開始。剪輯符合動態連戲，會讓觀眾更進入劇情哦！

跳接

跳接（Jump Cut）是指前後兩個鏡頭內的主體相同，並且與攝影機的距離與角度變化不大時，當兩個鏡頭前後接在一起的時候，所產生的效果。舉個例子好了，很多行腳節目主持人都會在原地跳一下，跳一下之後場景畫面瞬間跑到下一個地方，可是人物在畫面中的位置和比例還是一樣。這就是利用跳接去呈現的特殊畫面跟內容。

我們在剪輯影片的時候，都會希望敘事是順暢的。像是連戲就是一種讓敘事順暢的概念。今天如果在影片裡面看到跳接，會讓觀眾很明顯地意識到「剪輯」這件事情出現在影片裡面。雖然會讓觀眾稍微出戲，但是有些敘事方式可以利用跳接去呈現內容。舉個例子，有一個人在畫面中間笑著說「哈哈哈我長大才不會變乞丐呢！」結果下一個鏡頭他還是在鏡頭中間，但是背景變成雜亂的場景，然後主角變成乞丐。這就是利用跳接的方式去呈現這故事的笑點。

可是有時候剪輯或者拍攝上的錯誤會導致奇怪的跳接出現。如果今天有兩個人在對戲，其中一個人説「嗨你好，早安啊。」剪輯師如果把「嗨你好」跟「早安啊」中間的空白剪掉，這個人在講完「嗨你好」之後，會突然「跳」了一下，然後突然接到「早安啊」。因為中間的部分被剪掉了，而人在畫面中不可能是靜止不動的。如果跳接的前後鏡頭是同樣的主體、同樣的背景、前後類似的畫面構圖，那這樣的跳接就會讓觀眾有出戲的感覺，因為順暢的敘事被中斷了。

另外，拍攝的時候如果分兩個鏡頭拍一句話，而這兩個鏡頭的畫面構圖如果又差不多，也會造成這種錯誤的跳接。

但如果是開箱影片、美妝等比較偏 Vlog 的影片，就會很常看到跳接的形式出現。利用跳接的方式處理這類型的影片，原則上就是增加影片的節奏，減少句子與句子中間的空白。因為這類型的影片不太像是讓觀眾進入一個故事劇情，所以出

現所謂錯誤的跳接，觀眾也不會感覺奇怪。

剪輯故事劇情的影片，如何避免錯誤的跳接出現，除了在拍攝當下要注意前後兩個鏡頭畫面構圖不要太像，剪輯的時候也要注意不要去讓剪輯點前後的片段出現主體、背景以及構圖相似的畫面。

但如果今天拍攝的影片檔，不小心利用相似的構圖去拍出前後兩段話呢？在剪輯的時候我們可以在跳接的剪輯點上安插另一個畫面，讓這個畫面去蓋過這個跳接點。或者改變前後兩片段的構圖，把某一個片段的畫面放大，讓錯誤的跳接不會這麼明顯。

配樂

一個影片影像的部分固然很重要，但是聲音的部分如果有處理好，對整部影片會非常加分哦！幫影片配上好的音樂，可

以讓觀眾更進入故事！剪輯的時候可以依照劇情或內容的需求去選擇音樂。音樂有時候也會影響觀眾對於劇情的認知。剪輯打架戰鬥畫面，配上激昂動魄的戰鬥音樂，跟配上調皮搞笑的輕快音樂，兩者呈現的風格會截然不同。要學習怎麼將影片配上最合適的音樂，可以多觀摩看看其他的作品，我認為看卡通動畫很容易幫助學習。卡通動畫的內容情緒比較明顯且單純，快樂的劇情就會配上快樂的配樂，悲傷的橋段會搭配悲傷的音樂。創作者可以藉由這樣的作品去學習每種音樂分別在畫面裡面扮演怎麼樣的角色，並且在剪輯的時候多去嘗試不同的音樂，並找出什麼樣的音樂才是最適合自己的畫面。

善用音樂的拍點

絕大多數的音樂都有節奏以及拍子，如果我們今天把音樂的拍點對到畫面中的剪輯點或者是影像的動態，觀眾在影像音樂同步的情況下，會讓自己更投入在影片裡。可是如果將每

一個影像剪輯或動作都對到音樂，會讓音樂這個元素太突出，反而會讓觀眾感覺太刻意並且出戲。這樣的剪輯方式比較常用在音樂錄影帶（Music Video）或者是影片的片頭片尾曲上面。所以如果影片的類型是 MV 形式，可以多善用音樂的拍點。但如果是一般戲劇類型的影片，酌量使用即可！

音效

什麼是音效呢？敲門聲、棍子揮舞的聲音、鳥叫聲、拳頭打擊聲，這些都是所謂的音效。好的音效會讓畫面更生動且更有說服力。我們今天要剪輯一個人使用超能力，全身上下發出閃電，如果配上合適的閃電的音效，會讓畫面更有魄力！音效除了可以上網搜尋授權音效之外，其實也可以自己製作哦！像是腳步聲，可以自己去錄鞋子踩在地板上面的聲音。打架的拳頭聲，可以錄手打在身體上面的聲音，或是拳頭打在掌心上面的聲音。在自己錄製音效的時候，建議使用的麥克風是跟拍攝用的麥克風一樣哦。如果你沒有麥克風，那就

直接拿相機去錄音吧。錄製的地點也建議是在拍攝的地點。如此一來自己製作的音效會跟現場聲音較搭，因為環境音也一樣哦。

要注意空氣音

前面在提到麥克風的部分，有提到我們在講話的時候，麥克風都會收到所謂的空氣音，也就是環境的聲音。這些空氣音在影像聲音裡面是很重要的一個環節哦！我們在拍攝影片錄音的時候，一般來說我們都不希望收到太多的空氣音，因為我們希望聲音是乾淨的。可是在沒有台詞或沒有對話的時候，這些空氣音代表一個很重要的元素——環境的聲音。如果我們今天的一個鏡頭，是一個人不講話在房間裡面環顧四周。雖然沒有人發出聲音，可是環境都會有所謂的環境音。今天在剪輯時，如果你想說，反正沒人講話，把這個片段的音軌全部刪除掉，這片段就會變得太過安靜。我們人處在任何環境，是不太可能發生完全沒聲音的情況。所以我們在剪

輯的時候，要記住這一點，就算是沒有講話的片段，也要配上空氣音，這樣影片才不會奇怪。未來在拍攝的時候，可以收一下現場的環境音，或許在後製的時候可以使用到也說不定哦！

在剪輯的時候，如果前後兩個片段環境音相差太多，突然變太大聲，或者突然變安靜，會讓觀眾覺得突兀。這時候可以使用熔接的技巧，讓兩段音軌熔接在一起。當聲音在轉場的時候，可以使環境音較圓滑地改變。環境音是影片裡面一個很重要的細節。一個好的影片，會讓觀眾沒有發現環境音的改變，更重要的是忽略了環境音，這些是來自於剪輯師的貢獻哦！

字幕

台灣的觀眾在看影片的時候，習慣有字幕。不管是電視、電影都有字幕。影像有字幕，對於台灣的觀眾比較能夠放鬆的

去觀賞。當影片沒影字幕，就算講話多字正腔圓，觀眾還是會不習慣。所以當你影片的觀眾都是台灣人的時候，影片打字幕會讓觀眾比較願意看你的影片。有時候我很羨慕美國或者日本的 YouTuber，因為他們做影片都不用打字幕。好好哦，可惡。

打字幕是一件非常累人的工作，我在製作影片的時候最討厭的就是打字幕。打字幕就是不停的在聽影片的音軌，將音軌裡面的話打成文字，然後將文字檔對到音軌的時間。但要打出好的字幕其實也有技巧哦！

首先是字幕的顏色、字體以及大小。字幕的顏色，一般來說都是白底黑框較多。之所以會用兩種顏色，是因為如果字幕只有白色或者黑色，當字幕後面的畫面太亮或者太暗的話，很容易讓字幕埋沒在背景裡面而不易被看到。邊緣的字幕，嗚嗚。字幕的字體不用花俏，基本、簡單即可。太過花俏的

字幕反而會讓觀眾花太多時間去看懂字幕的文字是什麼。字幕的大小不宜太大或太小，適中即可（廢話）。出現在畫面裡面的字幕，不宜太長或太短。字幕約在台詞標點符號的地方換下一句。

「什麼？這傢伙的真面目，竟然是我爸爸！」這句台詞打成字幕，分成三段是最恰當的。如果偷懶打成一段，也是可以，但觀眾在看到字幕出來的時候，就提前知道劇情了。觀眾在接收字幕的資訊通常都會比聲音來得快，也就是演員還沒有唸完台詞，觀眾已經看完整段台詞了。有時候字幕不只是方便觀眾閱讀，他也會影響觀眾的收視感受。拿剛剛的例子，演員在講出「什麼？」的時候，正在製造驚訝以及懸疑感，而最後的「竟然是我爸爸！」則是這段話的爆點。可是如果字幕提前告訴觀眾接下來幾秒的劇情，或許會影響觀眾對於劇情發展的驚喜感。這點在打字幕的時候需要好好地注意啊！

另外有一種字幕是綜藝字幕，藉由誇張的字體以及顏色來強調某段文字或者語氣，或者用來給予觀眾更多的資訊。這種字幕很常用在像是綜藝節目，或者談話性質影片，戲劇類影像比較少使用這類型的文字。適時出現的綜藝字幕，可以增加畫面的活潑度及趣味性。但如果影片太氾濫使用綜藝字幕，反而會讓觀眾失去字幕出現時的新鮮感。

很多人在剪輯字幕的時候，會加上字幕出現以及消失的特殊效果。像是文字旋轉放大跳出、發光消失、平行立體翻轉等等，很多的剪輯軟體都有文字動畫的效果。但這樣的文字特效其實用太多會讓觀眾感到分心。觀眾看影片時要關注畫面，又要看文字的內容，也要花心力去注意文字特效。我有看過一個影片，剪片的人感覺是想把剪輯軟體內所有的文字特效都用過一輪，每次出現的文字都有不同的效果，而且一個比一個還要炫。但這樣的影片真的很讓我出戲，不只很讓我分心，而且還會很想吐槽說，好啦好啦我知道你有很多效

果，但是真的不必要啊！所以在取決文字出現的效果時，注意符合劇情和畫面最重要，不要為了想要炫技而使用太多不需要的文字特效唷。

現在越來越多戲劇型影片會出現綜藝字幕，例如故事裡主角走路跌倒，這時候剪輯師就會在旁邊加上「尷尬」兩個字。這樣的字幕等於是把文字當作劇情的元素之一，字幕不再只是輔助觀眾的聽力。但我自己是很不喜歡這樣風格的剪輯方式，因為我認為劇情影片就該由構圖、音效、配樂等元素去構成，而不該靠額外的文字去輔助。但每個人在剪輯上有不同的偏好以及風格，並不是說這樣的剪輯方式不對，而是每個人對於剪輯的風格不盡相同罷了。

調色

很多網友都會寫信問我說，我到底是用什麼高級的相機在拍影片？影片畫面看起來很漂亮。其實我一直都是用最低階的

單眼相機在拍攝影片，可是我在剪輯時都會去調整畫面的色彩，讓畫面看起來更有質感。

畫面的調整有幾個基本的數值，對比度（Contrast）、明暗度（Brightness）、色彩飽和度（Saturation）、曝光度（Exposure）。對比度是調整畫面明暗的差別，對比度越高，明暗差別越明顯，亮的部分越亮、暗的部分越暗明暗度是調整畫面整體的明暗值。明暗度越高，畫面愈亮。色彩飽和度是畫面顏色的飽和值。色彩飽和度越高，畫面顏色越鮮豔，反之，畫面則越灰白。曝光度則是調整畫面中亮部或明亮的區域。

每一個影像，都是由三種顏色所組成，分別是紅色、綠色以及藍色。也就是所謂的 RGB（Red, Green, Blue）。我們可以透過調整這三個顏色在畫面裡的數值去改變畫面的顏色。當我們把畫面的 R 調高，畫面就會變得較紅。但如果我們把

R 調低，在畫面中 G 和 B 的數值就相對較高，所以畫面會偏藍綠色。在較進階的剪輯軟體，我們甚至可以使用 RGB 曲線（RGB Curve）去調整畫面中明亮處或陰影處的 RGB 數值。

影片剪好之後，試試看這些調整影像畫面效果的功能吧！也讓其他網友誤會你是使用高級相機吧，嘿嘿嘿。

特效

歷史上第一個特效影片，叫做《處決蘇格蘭瑪麗皇后》（The Execution of Mary, Queen of Scots）。這是一部拍攝於 1895 年，約一分鐘的影片。影片一開始瑪麗皇后是由真人去演出，在皇后跪下、劊子手將斧頭舉起來之後，攝影機停止，所有演員也都不動，這時候把瑪麗皇后的演員離開，相同的位置換上瑪麗皇后的假人，然後開啟攝影機再繼續拍攝。在不經任何後製的處理下，整個膠捲底片上就會有瑪麗皇后被斬首的連續畫面。影片使用了「停機再拍攝」的攝影

技巧去呈現斬首瑪麗皇后的畫面。這種感覺很像是跳接 Jump Cut，可是影片並沒影經過任何後製，而是直接在拍攝階段就做出特效。這樣的影像給當時的觀眾很大震撼，因為沒有人嘗試過這樣的拍攝技巧。而且你知道第一部視覺特效的製作人是誰嗎？是湯瑪士・愛迪生啊！是擅長擁有專利以及製作特效影片的朋友呢。

説到早期的特效影像創作人就非得要提到喬治・梅里愛（Georges Méliès）。喬治・梅里愛是一位法國魔術師和電影製片人，他早期利用多重曝光（重複使用同樣的底片拍攝，兩個畫面就會因此重疊在一起）、停機再拍（《處決蘇格蘭瑪麗皇后》的拍攝方式）等方式製作出很多新奇效果的影像。喬治・梅里愛最有名的作品是《月球旅行記》（Le voyage dans la lune, 1902）。這部片利用創新的特效技巧拍攝，《月球旅行記》也被認為是科幻電影的始祖。

製作影片，適時的加上簡單的特效，會讓觀眾耳目一新！在我們聊聊特效是怎麼製作的之前，要先問問自己的影片需要什麼樣的特效？希望呈現什麼樣的感覺？在製作電影的時候，導演腦海裡會有畫面希望的呈現出來的效果，這個時候導演就會跟視覺特效總監去討論這樣的特效要怎麼拍攝。視覺特效總監給予導演專業的意見，不僅可以幫助導演的拍攝，更重要的是讓導演拍出好的影片素材給後期的特效師去製作特效。

製作特效的軟體

絕大部分的特效，我都是使用「Adobe After Effects」製作，也就是大家俗稱的 AE。剪接軟體主要是用來剪輯畫面、聲音，並且將這些素材串在一起，它主要的功能並不是製作特效。有點像是今天叫便利商店員工去炸雞排，他可能還是會炸，但便利商店裡也沒這些器具。真的要炸出最好吃的雞排，可能還是要由雞排店老闆來炸。叫雷恩去捏燒賣，他可

能也會，但是絕對不會比拿大棒棒的解師傅做的還好吃。好了，例子有點太多了。總之特效還是交給專業的軟體來，術業有專攻就是這個概念。

大家會有一個迷思，會以為一個軟體可以做所有特效。很多人都來問我「你影片到底是用什麼剪輯軟體剪？」大家可能會以為，有一個剪輯軟體可以做出所有影像跟特效。但這句話應該要問：「你這個效果是用什麼剪輯軟體做的？」每個軟體都有不同的功能，不太可能會有一個剪輯軟體可以做出所有的特效。所以在製作影片的時候，去思考不同的效果要用什麼軟體去製作也是很重要的啊。

「After Effects」這個軟體可以做出非常多的特效，他也可以製作很多 2D 的小動畫。在動態圖像（Motion Graphics）製作上面，AE 是一個非常強大且實用的軟體。這個軟體幾乎可以完成 95% 我想要的效果以及特效。

但如果是製作 3D 圖像，就可能需要使用其他 3D 的繪圖軟體，像是「Maya」「Cinema 4D」「Houdini」。影像合成大部分人會使用「Nuke」。每個軟體都有他們各自擅長的地方，看創作者希望製作什麼樣的影像。

做特效有一個很重要的概念，就是合成（Compositing）。合成就是把不同圖層（Layer）的影片以及圖片疊在一起，完成自己想要的影像及畫面。前面提到的傳統底片多重曝光技術，也是合成的一種哦！合成的製作概念，有點像是在圖畫紙上面製作拼貼畫。我們假如要在圖畫紙上面完成一幅風景拼貼畫。我們要先有一張圖畫紙，之後我們會在圖畫紙上面畫上天空和草原，然後在草原上面貼上山丘、樹木以及房子。房子前面再貼上老農夫。這樣拼貼的過程其實就像是合成，而上下交疊的圖片就是圖層的概念。上面的圖層會蓋住下面的圖層。有了這樣基本的概念之後，再去理解特效的製作過程就會容易許多。

四、一個畫面要出現兩個以上同樣的人，要怎麼拍？

合成

我很多的影片都會出現一個畫面有兩個以上的自己。會想要拍攝這樣的畫面，一方面是覺得這樣的特效很有趣，另一方面是因為沒有人要陪我拍影片，我只好自己跟自己演戲。啊，眼淚滴到鍵盤上了。我……我才不想要什麼朋友呢，朋友什麼的，我才不稀罕啦！但這到底是怎麼拍的呢？

一般來說這種畫面會有兩種處理方式。第一種是用所謂的替身。當畫面人物的臉不是朝向鏡頭，或者人物動作很快，臉不是這麼清楚的時候，就可以使用替身去演出「另一個人」。但如果這個鏡頭兩個人的臉都很清楚，我們就可以利用剛剛說的圖層的概念去製作。

在拍攝的時候，我們需要讓攝影機固定不動。可以把攝影機

放在腳架，或者某個平面。千萬不要用手拿啊，因為就算人體再怎麼保持不動，還是會有些微的晃動。放置好攝影機後，讓演員站在畫面中預定出現的地方並且拍攝。假設畫面左右各有一張沙發，我們希望同樣的人坐在左右沙發上面對話。先讓演員坐在左邊沙發拍一顆鏡頭，再坐到右邊沙發拍下一顆鏡頭。

然後把這兩個片段放到剪輯軟體裡面，將兩個片段放在不同的圖層並且疊在一起。假設上面圖層的畫面人物是坐在右邊沙發，下面圖層的畫面人物就是坐在左邊的沙發。因為上面圖層完全蓋住下面圖層，所這時畫面只會有坐在右邊沙發的畫面。我們將上面圖層的左半部截掉，這個時候下面圖層的左半部就會露出來。而且因為沒有移動相機，所以兩個片段所有背景都是在同樣的位置，將畫面疊上去之後，只有一半畫面的上面圖層的背景與下面圖層的背景會完全吻合，這時就可以在畫面上看到兩邊沙發都坐著同樣的人哦！

在拍攝這樣的畫面，最常遇到三種問題。第一種是不小心動到相機，導致兩個畫面的背景位置有所不同。如果在拍攝階段有發現這個問題，建議重拍會比較省時。因為要後製去調整畫面大小跟位置，讓兩個背景吻合是一件很麻煩的事情。

第二種是相機維持不動，但是現場的光在拍攝兩個畫面期間改變了，所以拍攝出兩個明暗度不同的畫面。這種情況最常發生在戶外，因為太陽光只要被雲遮住一點，就很容易改變畫面的明暗度。如果兩個畫面的明暗度不同，疊在一起之後，會很明顯地發現兩個畫面的接痕線，因為接痕線兩邊有很明顯的明暗度差別。要解決這樣的問題，比較常是靠後製去解決。我們可以去改變兩個圖層的明暗度或者曝光值，讓兩個片段的影片明亮度不要相差太多。並且在後製軟體把上面圖層的邊緣變模糊，如此接痕將不會這麼明顯。

第三個問題是上面圖層的人跨越了這條接縫該怎麼辦。畫面

裡面如果相同的人不重疊到，處理起來只需要讓兩邊的背景能吻合就好。但如果畫面裡面的人重疊，該怎麼辦呢？

下面這張圖，是我之前拍的《先生，你水潑到我鞋子上了。》的其中一個片段。我將相機固定在腳架上面，拍攝兩個背景固定不動的畫面。我打算要讓畫面裡面的我用棒子打另一個我，但做這個動作，畫面裡面的人就會重疊。

下面圖層先拍預計被打的人。但做後製時發現被打的人位置太靠左了。

上面圖層拍打人的畫面，可以看出揮打的手和棒子位置會和被打者重疊。

截切並將圖層重疊後呈現出來的樣子，照片紅色圈圈內可以看到手的部分不見了。

把畫面重疊在一起後，人物如果是重疊的，只用裁邊的話，不可能將兩個人都完整露出。一定會裁到某一邊的人。從上面的圖片可以發現左邊的我半隻手都被截掉了。這樣的畫面要怎麼處理呢？

「嗚嗚嗚，哆啦 A 夢，兩個片段的人的位置重疊到了，怎麼辦？」

「不用擔心，這個時候就要使用 Rotoscoping ！」

「……」

「哆啦 A 夢，供三小啦！」

什麼是 Rotoscoping 呢？它是一個利用剪輯軟體將物體描邊，並且將物體剪下來的技術。這個技術就有點像是剪紙，我們在圖畫紙上面畫一個物體，再把它從紙上剪下來。把它剪下來的過程就是 Rotoscoping。

那要怎麼將這個技術去解決剛剛的問題呢？兩個畫面的人重疊在一起，如果他是兩張圖畫紙，就只要將左邊人的手用剪刀剪出形狀就好了不是嗎？這就是答案！

上面圖片的兩個畫面，左邊的我是上面的圖層，右邊的我是下面的圖層。我們用剪輯軟體裡面的功能，將上面圖層左邊的人描邊，並且剪下來。這個時候就可以發現左邊人的手重疊在右邊人的頭上了。這個過程也有很多人用「挖」這個字。

在 Rotoscoping 的過程，我們只需要挖重疊部分的邊就好，沒重疊的部分只需要將兩個圖層的畫面中間分開就可以了，因為兩個圖層背景還是一樣的哦。剪好之後，兩個不同畫面但同樣位置的部分就可以重疊了！

挖出重疊部分的邊。

再疊到欲重疊的畫面上。

但疊好的圖是不是有哪裡怪怪的呢？你可能會注意到這揮動的手應該要有所謂的「動態模糊」，可是我剪下來的邊卻是平滑的。這時我只要將它的描邊也加上模糊的效果，就可以將有動態模糊物體的邊完整的挖出來了。

這個時候你可能會問，等等，不對啊，可是我挖的是一張圖耶？可是這是影片啊！影片的畫面會動，這樣怎麼辦？

沒錯，真的是問到重點了。如果挖一張圖不夠，你可以挖兩張啊。我們前面有提到，影片一秒有 30 個 frame，如果你畫面重疊的時間有一秒鐘，那我們就要挖 30 次哦！所以 Rotoscoping 真的是一個非常累人的工作啊！以後小孩不乖，不用罰寫或罰站了，就叫他去做 Rotoscoping，保證你小孩從此品學兼優，敢吃苦瓜和茄子、並且自動自發去洗碗。

看到這邊大家應該都瞭解怎麼讓畫面裡面出現兩個同樣的人

了吧！但要怎麼樣讓這樣的畫面更讓觀眾感到新奇呢？很多現在觀眾其實都已經知道這樣的製作原理是要讓相機固定不動，所以呈現出來的畫面原則上背景都是不動的。可是如果我們今天就是叛逆，讓呈現的畫面會動，讓這些觀眾大吃一驚。可是，要怎麼做呢？

其實很簡單，我們只要把重疊好的畫面加上攝影機晃動的效果，或者讓影像移動，就可以看到畫面上下左右的移動。但讓畫面移動，畫面旁邊會出現黑邊，因為影像跑出畫面了。這時可以將影像放大去填補這些黑邊。但將影像放大越多，畫質會越差哦。

右頁的圖，黑色的框框是影像原始的大小。我們將影像放大，就可以在畫面不跑出邊框的情況下去移動畫面。但是畫面放大，畫質會變差。

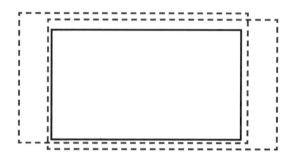

如果我們影片的畫質是 1920×1080 像素，我們可以拍攝 2K
或者 4K 畫質的原始檔去製作這樣的影片。就像前面提到的，
如果我們使用越高畫質的原始檔去做剪輯，畫面的可調性也
比較高。拿 4K 畫質的原始影片來說好了，4K 的畫質是 1080
的兩倍，也就是原始大小是 1080 的兩倍大。將原始檔是 4K
影片放在 1080 影片裡，只需要用到 4K 影片的 50% 大小即
可，也就是將 4K 畫質的影片大小調整至 50%。如果要用 4K
原始檔影片做出剛剛的效果，我們將 4K 影片調整至約 60%

的大小，稍微大於 1080 邊框的大小，用這樣大小的影像去做移動，就可以在不影響畫質的前提去完成這樣的效果。

但如果我們沒有可以拍 4K 畫質影片的相機怎麼辦？那也沒關係，只要不要將影像放大太多，畫質變差的幅度應該不會太明顯哦！

這樣畫面的移動，是整個畫面的移動，鏡頭裡面的構圖以及視角是不會改變的。有點像是前面提到 zoom 的效果。但如果我們今天要做到攝影機移動，但是也讓一個畫面出現兩個一樣的人，要怎麼做呢？？

拍攝這樣的畫面，原理是讓兩個畫面的背景一模一樣，把兩個畫面疊在一起再處理接痕。如果攝影機是移動的情況下，我們只要讓攝影機都是同樣的移動路徑和速度拍攝兩次就好了。這就是所謂的 Motion Control。

Motion Control 是利用機器手臂和電腦程式，讓攝影機可以在電腦和機器的控制下去移動。如此一來，即使攝影機在移動，我們還是可以拍出兩個以上擁有同樣背景的畫面。之後只要再利用 Rotoscoping 的技術去做出我們要的畫面以及效果就好了！

綠幕相關技巧

我們前面有提到綠幕（Green Screen），綠幕不管在電影、電視都是很常使用到的一個技術。我們現在知道了合成（Compositing）的技術，綠幕原則上也是合成的技術的一種，將在綠幕前面的物體挖出來，然後放置在想要放入的畫面上。

如果我們今天有一個海邊的景，我們想要用綠幕的技術，將人物放置在這個海邊上。除了用特效軟體將綠色的部分去掉之外，在拍攝的當下也要注意拍攝物體的打光符不符合海邊

背景的光。光的方向、光的角度、光的大小、相機的白平衡等等都會影響拍攝主體用綠幕技巧合成在背景之後的效果哦。

在處理綠幕影片的時候，我們很常遇到一種情況，叫做 Green Spill。也就是光打到綠幕上後，反射在主要的被攝物體上。也就是被攝物體上面會有綠色的反光。有時候拍片拍太久，老婆或女朋友跟人跑了，自己身上也會有綠色的光，這點也需要注意一下。

如果被攝物體上面有綠色的反光，在特效軟體裡面將畫面綠色的部分去掉後，也會同時將被攝物體上面的綠色部分去掉，這時就會出現被攝物體被反射到綠光的部分變透明了的問題。最極端的例子就是被攝者穿綠色的衣服，綠色的部分會全部變成透明。

解決 Green Spill 的問題，除了拍攝當下，被攝物體不要離綠幕太近，它是可以靠後製去解決的。至於怎麼解決，就有點太技術性了，我何不就留點時間給有興趣的讀者和 Google 大神去約個會吧！（史上最不負責任的作者）

五、3D 影像的小知識

不知道大家對 3D 這樣的東西有沒有興趣呢？我研究所的時候主要是在學 3D 特效動畫，想要跟大家分享一點製作 3D 的小知識。等等！該不會你前面第一個問號就已經回答沒興趣。不要這樣啦～聽我說一下啦～

3D 影像在製作的時候有分幾個流程。最開始我們需要建模（Modeling），也就是在 3D 軟體裡面建構出一個 3D 的模型。然後我們賦予這個模型材質（Shading & Texturing）。

看這個物體是金屬材質、透明的軟糖材質或者是皮膚的材質，針對不同性質的物品去調整給予不同的材質。如果這個物體它會動，我們要幫他加上骨架（Rigging）。如果我們要做出一個 3D 的人物，要讓他移動，製作骨架是方便動畫師去調整人物的動作以及表情。再來是動畫（Animating）。動畫師調整物體上面的骨架讓物體做出導演要求的動作表現，或者讓其他的物體移動也都是動畫師的工作。

最後我們要幫 3D 物體打光（Lighting）。打光是一個很重要的步驟，如果沒有燈光，電腦會不知道這個 3D 物體要怎麼呈現出來。特效師有很多的性質，有人專業是製作風沙、爆破這類的，有人是專精打光讓物體看起來更真實。特效師就像是影像的魔術師。「在影像的世界沒有不可能」，這就是特效師的座右銘。「我要把這個特效做出來，為了不辜負我爺爺的名聲」，也有特效師的座右銘是這個。「老闆可以加薪嗎？」這句是全世界特效師的座右銘。

再來的步驟就是算圖（Rendering），這個步驟就是匯出 3D
軟體裡面的東西，把它變成圖片。算圖其實是一個非常費時
的過程，電腦會因為圖片裡面不同的東西而有不同的算圖時
間。會反光的金屬、或者毛髮等等這些都是需要很多的算圖
時間。一個 frame 有時候會需要好幾個小時才算得出來。所
以動畫公司在製作動畫片的時候，都是由好幾百台電腦一起
幫忙算圖。如果只用一台電腦在算，真的會算到天荒地老。
這些一起算圖的電腦有一個很可愛的名稱，叫做算圖農場
（Render Farm）。所以像怪獸電力公司的毛怪，或者是動
物方程式那些動物的毛髮，都需要非常多時間去算圖。

在製作 3D 動畫的最後一個步驟，叫做合成（Compositing），
也就是我們剛剛提到的技巧。在製作 3D 動畫時，合成師
（Compositor）把所有圖層結合在一起，讓畫面更精緻。你
應該會想說，動畫不是在算圖結束後就完成了嗎？為什麼還
需要合成？在動畫裡面幾乎所有東西都是分開製作以及分開

算圖的哦！特效、人物、前景、背景、影子等等都是分開算圖的。當一個人物在背景前面做動作，動畫師會將人物和背景兩者分開算圖以節省算圖時間。如果背景不動，這樣背景只需要算一個 frame 就好。合成師就是將影片的所有元素結合在一起。至於如何將 3D 物體放在真實畫面裡，不僅要透過特效師們的專業將 3D 物體與影像做結合，在拍攝階段也要考慮非常多事情。未來大家在看特效片或者動畫片時，不要忘記背後那默默的一群辛苦的動畫師以及特效師們啊。未來在看完動畫電影跑製作人員名時，通通給我站起來鼓掌啊！

HOW FUN Part 4

影片發佈！
YouTuber 上路！

開始發佈、上線了！
影片剪好了！

影片做好了之後，再來就是要把影片上傳到網路上面嘍！把影片上傳到網路上面也是有很多技巧的！

一、縮圖、標題、前三行內文以及關鍵字

拍超久的影片終於可以上傳網路給大家看了！

觀眾在看到你的影片之前，最先看到的是影片標題以及縮圖，這兩點是吸引觀眾進來看最重要的兩個元素。如何用最

棒、但又不誇大的標題吸引觀眾進來是需要創作者下功夫的地方！

我舉一個例子吧，如果今天你要拍跟朋友比賽誰可以比較快從台北車站騎 Ubike 到淡水，那影片標題你會怎麼取呢？

如果完全懶得想，影片標題就叫「比賽騎 Ubike 從台北車站到淡水」。好啦，雖然這標題好像也是滿有趣的，但是好像又少了點什麼吸引觀眾點進來看。可以在標題裡面稍微透露影片的爆點，增加觀眾想要點進來的誘因。例如「Ubike 激戰！30 分鐘達成台北車站到淡水！」讓觀眾知道這部影片的其中一個爆點是 30 分鐘可以從台北車站騎到淡水。在決定影片標題的時候，要想說觀眾對於這樣的標題會不會有興趣？而且最重要的是標題不要誇大不實，不要讓觀眾看完影片後有種被騙的感覺，不然觀眾真的會抑制不了自己按不喜歡的衝動啊！

YouTube 影片縮圖是可以自己製作的，在製作影片縮圖的時候，也要記得一個原則，觀眾看影片之前，會先看到你的縮圖。所以縮圖要能吸睛、或者給觀眾深刻的第一印象。縮圖建議是用簡單的畫面加上標題文字，讓觀眾能用一張圖去理解他接下來可能會看到什麼樣的影片。

把影片上傳到 YouTube 後，它會幫你在影片裡面挑三張截圖，懶惰的你可以在這三張當中挑一張當作影片縮圖。但既然我們影片都已經拍這麼久、剪這麼久了，就再多花一點點時間製作影片縮圖吧！

YouTube 的影片註解文字是搭配影片作為輔助的文字，它可以是製作影片的小心得，或者是給觀眾額外的資訊。YouTube 的註解文字很多人會附上系列影片的連結、訂閱連結或者創作者其他網站的連結。創作者在撰寫影片註解時，要去思考如果觀眾對該影片有興趣，可以在註解裡面得到額

外哪些他們可能會喜歡或者有興趣的資訊。

但如果是將影片上傳至 Facebook，影片的註解文字其實比標題還有縮圖來得重要哦！在 Facebook，觀眾第一時間不會看到你的標題以及縮圖，大家第一眼看到的就是影片前五秒以及影片註解。這個時候就可以將 Facebook 影片的註解寫得較為吸引人，用簡單的幾行文字增加觀眾想看影片的誘因。

YouTube 的標記功能其實也是個重要的東西。我們可以在標記功能裡面打出我們影片內容的關鍵字。例如這部影片是在游泳池畔做防水玩具的開箱，我們就可以在標記功能打上游泳池、開箱、防水玩具等等的關鍵字，讓還沒看過影片的觀眾，如果搜尋到這類的關鍵字有可能會搜尋到你的影片。又或者可以讓看過影片，未來還想看這部影片，但是忘記影片標題的觀眾，可以利用影片內容的關鍵字去搜尋到該影片。

現在 YouTube 的影片功能其實非常非常多，這本書就先提這幾個最基本的功能。如果好奇 YouTube 還有哪些有益於創作者的功能，大家不妨親自去 YouTube 網站的創作者工作室裡面看看，你將會受益良多啊！

二、我要什麼時候公開我的影片呢？

將影片上傳到 YouTube 後，你可以先設定為未公開，這個時候除了頻道主本人以及擁有該影片連結的人以外都看不到該影片。但只要一設定公開，YouTube 將會通知有訂閱的網友並且露出在 YouTube 網站裡面。

影片在公開後的幾個小時內，觀看人次有達到 YouTube 的計算機制門檻，就會被選為當日熱門影片。變成熱門影片後，一般觀眾就比較容易在 YouTube 網站看到你的影片。也就

是說，影片公開後的前幾個小時很重要，公開的時間點是關鍵！大部分的觀眾看影片時間主要是下班、下課後到睡前，大約在晚上六點至晚上十一點，這段時間是觀看人數的最高峰。也就是說如果影片公開後的前幾個小時是落在這區間的話，影片就比較容易被大家看到。很多的 YouTuber 會將影片在這個時間上線就是這個道理哦！

三、將影片上傳至 YouTube 後，還要再把影片上傳到 Facebook 嗎？

以前，當創作者在 YouTube 上傳影片後，會將 YouTube 的連結直接貼在 Facebook 粉絲團宣傳。網友不只可以在 YouTube 接到訂閱通知，也可以在粉絲團看到新影片訊息。這樣的做法增加了網友看到影片的機率。

但是幾年前，Facebook 改變了演算法，它大幅降低貼文有 YouTube 影片連結的觸及率。所以創作者們紛紛改變自己分享影片的方式。很多人在 Facebook 發布短版本的影片，告知網友創作者有新作品，如果想看完整版可以到 YouTube 去看。

發佈短版本影片最主要目的是 Facebook 系統不會去阻擋影片的觸及率，另一個目的是要讓有興趣看完整版之觀眾的觀看流量導回 YouTube。有些人的做法會直接在臉書上傳完整版影片，但同時會在文字部分附上 YouTube 連結，並且告知如果要看高畫質可以到 YouTube 去觀看。其實臉書也有支援 HD 1080p 畫質，但還是很多人習慣在 YouTube 平台觀賞影片。有些人會在 Facebook 發圖片，並且在文字部分或者留言處放上 YouTube 影片的連結，這些的目的都是避免臉書發文的觸及率降低哦！

在臉書放上完整版影片，雖然大部分的人不會點到 YouTube

去看，但是完整版影片的觸及率是所有成效最好的方式。這時你可以去考慮一下，要不要把完整版影片放到 Facebook，等到網友們慢慢認識你的影片，或者對你的頻道風格有興趣後，再漸漸用其他方式將網友的觀看習慣導回 YouTube，這是我一開始的做法。但沒有哪一個作法是最好的，這些都取決於自己對 Facebook 粉絲團或者 YouTube 頻道的經營方針唷！

四、內心的小宇宙時間

如果都沒人看我影片怎麼辦？

很多人在做影片放到網路上之後，才發現都沒什麼人看，都只有自己的親朋好友在看。就像我前面說的，其實我大學在拍影片的時候也是這個樣子，當時拿了一台很爛的相機、找了幾個好朋友一起拍了很多廢到笑——啊，好啦，只有廢沒有笑的影片，然後上傳到網路上。可是我們影片的點擊人數

非常地淒慘，幾乎是系上同學看過一輪，就沒了，幾乎沒什麼人在看我們的影片。可是我當時非常不以為意，因為對我來說，只要看到影片剪出來的成果，我就已經覺得很有成就感，然後跟一起創作的朋友們看得開心，這樣就很夠了。當然，如果可以再得到網路上其他朋友的鼓勵跟支持，我們一定會更開心。可是一直支持我們繼續創作最重要的原因，還是那股對於影片的喜愛以及熱情。

這樣拍了五年後，我的影片才開始正式被網友們看到。這五年間，我只要有機會就想拿起相機拍影片。對我來說，我只要還喜歡拍影片，我就沒有放棄它的理由。一直以來我也一直在充實自己，多學一些剪輯技巧、多觀摩其他創作者的作品、多涉獵其他領域的創作。

我想跟大家說的是，不要急，當還沒人看你影片的時候，反而是你準備自己、充實自己最好的時機。只要不放棄，影片

一定會被大家看見的。而且最重要的是，永遠不要忘記當初為什麼會想要拍影片？一定是覺得拍影片很好玩、看到剪出來的影片很有成就感，對吧。一味地追求觀看人數的同時，要不要停下腳步，回頭看看自己對於拍影片的初衷呢？

「欸欸可是我的初衷就是要讓很多人看到影片欸！」

⋯⋯改一下初衷啦，可惡。

有人留言了！然後呢？

把作品放到網路上之後，不管是影片、圖片、漫畫等等，有時候可能會得到一些網友的正面留言。像是「超好笑」「很有創意！」「XDDDDD」等等這些留言。很多的正面留言其實都是鼓勵創作者繼續往前的動力。語言很特別，有時候光是幾個字就足夠讓一個人開心好幾天。當創作者知道自己的作品原來可以帶給大家歡樂、或者給網友帶來幫助，會非常有成就感，而且會更努力再去創作出更多更棒的作品。

但，有正面留言，當然就有所謂的負面留言。做完影片後興奮地想跟大家分享，結果看到底下的負面留言，真的很想就這樣跟人生說再見呢。有時候即使只有一個負面留言，就算有一百個正面留言，我們還是會很介意那一則負面留言。有人說過我或許不同意你說的話，我誓死捍衛你發言的權利。但看到負面留言真的會變成是我誓死灌爆你臭酸的嘴巴，嗚嗚。其實在當網路創作者，有一個不怕任何攻擊的堅強身心很重要啊！升級的時候，技能除了點製作技巧之外，也要分配些點數給精神力。面對負面留言的時候，該怎麼辦呢？

原則上負面留言分成兩種，第一種就是所謂的網路酸民，Haters。這種留言多半會出現「爛、難笑、滾、去死、好笑在哪？業配 How、醜」等關鍵字。這種留言真的看了會很傷心，可是要告訴自己說自己並沒有做錯什麼事，我只是單純地在做我很喜歡的事情並且想要分享給大家。影片內容不偷、不搶、不做傷天害理的事情，就算被罵也沒關係。我自

己是精神力技能還沒有點滿啦，所以每當看到這種負面留言還是會難過，有時候甚至不敢去看自己影片的留言，只能一直說服自己不要去在意。對於留負面留言的網友來說，他們留言只不過是十秒鐘的事情，留完之後他們甚至都忘記你的影片了。所以我們何必要這麼在乎他們的評論呢？不如把時間拿去創作更好的作品吧！

第二種負面留言，是屬於有建設性內容的負面留言。網友雖然還是罵你，可是他會在留言裡面點出這部影片的缺點。像是「前面無聊到看不下去、五秒關、結尾超爛、節奏步調很爛」等等。創作者自己在創作的時候，對於影片的內容會有一些盲點是自己看不到的。網友藉由這些負面留言，點出這些影片的盲點。對於創作者來說，這些留言可能讓你覺得是在罵你、攻擊你，可是你也可以把它想成是網友給你中肯但卻尖酸的評論。這些言論其實會讓創作者成長哦！

我自己在創作影片的時候，也很常會去看網友所給的建議，藉此知道大眾的口味，也看清自己影片潛藏的缺點。但也不一定網友的評論你都要全盤接受啊！創作者在製作影片都有自己的原則和風格，有時候堅持自己的想法也很重要。要怎麼在網友的建議和自己做影片的堅持間取得平衡，就要看每位創作者怎麼去拿捏哦！

但不管是什麼樣的負面留言，不管你要忽略它、接受它、反擊它、肉搜他然後大便在他家門口（請不要），要記住永遠不要讓任何人阻止你在創作上的熱情哦！

不管影片有沒有被酸民攻擊，我們都要來做影片的檢討。檢討影片是創作很重要的一環，要讓自己知道影片的缺點在哪裡，之後才可以慢慢去做修改並且加強！

就像我們前面講的，自己跟自己開反省會議很重要。不只是

表演要去做反省，影片的製作過程也需要花時間去做檢討。腳本怎麼樣寫會更好？畫面怎麼拍會更好看？剪出來的影片有沒有達到當初在寫腳本時的預期？剪輯節奏要怎麼改會更好？有沒有清楚地傳達自己認為有趣的地方給觀眾？請人家給意見也很重要哦。把影片給自己的親朋好友、同學、鄰居、隔壁的學妹看，跟他們說不用怕我生氣，給我建議吧！

知道自己的問題在哪裡後，就多多練習吧！再好的影片都有缺點，正視這些缺點，接受它、並且解決它！每一次的檢討都會讓自己更進步，做影片最忌諱的就是得過且過啊！

要不要嘗試新風格或者新類型呢？

類型是影片的內容，而風格是呈現的方式。在前期創作的時候，一定是多方摸索，每個風格都想要嘗試、每個類型都會想要碰碰看，之後就會有一個自己習慣以及喜歡的類型和風格。這個類型和風格創作一陣子之後，有時候會想要換換看

其他的類型或風格。我以前拍攝的類型大部分都是戲劇類型的短片以及 Vlog，一直到 2016 年初我才開始嘗試直播。嘗試新的類型，一開始一定會一直碰壁。但多去觀察以及學習，並且多聽其他人給你的建議，然後多練習，一定會找到一條屬於自己的路！

風格這個東西就像是創作者的個性，每一位創作者即使在做相同類型的影片，也都有不同的風格。我們人都有很多面向，嘗試新的風格有點像是呈現另外一面的自己。但觀眾喜歡你的影片，是喜歡你某一面的風格。如果突然轉變風格，比起接受新類型，觀眾可能更不習慣新風格。所以這個時候可以去考量嘗試新風格的利與弊。如果觀眾不太能接受、自己也不是很喜歡新風格的話，那維持原本的風格也不見得是壞事。

不管是什麼樣的風格與類型，一定要是自己喜歡最重要哦！

五、網友最常問的問題 Top 10

當上 YouTuber 以來，不管是網路上或者校園演講，都有很多
同學對於 YouTuber 這職業很好奇，也有很多的問題。這裡整
理十個我最常被問到的問題。

影片的點子從哪裡來？

每個人從小到大都經歷過很多事情、看過很多作品、聽過很
多故事，我在發想創意的時候，我會參考拿這些經驗然後再
去做發想。我小時候很喜歡玩遊戲王卡，國中的時候幾乎每
天都在跟同學決鬥。小時候被我認為是玩票性質的東西，沒
想到被長大後的我拿來當作影片的創意在使用。很多的點子
都是源自於我日常生活中所發生的事情，然後我再把這些點
子去做融會貫通。怎麼去把這些經驗做排列組合，創作出一
個有趣的劇情就是我該做的事情。對我來說學習創作，最重
要的是多聽、多看、多體驗。多去聽其他人的故事、多去看

其他人的創作，最重要的是多去體驗人生。每一段看似無聊的人生際遇，可能都是你未來創作靈感的來源！

家人支持你創作網路影片嗎？

我家人從小對我課業非常嚴格，但是他們有一個原則，只要我做好份內的事情，其他我要做什麼他們都不太去管。所以小時候我只要念好書，要打電動、要玩遊戲王卡我爸媽都不太管我。長大後也是，我只要專心想念書、或者專心做好自己的工作，只要不是壞事，做什麼他們其實都支持。所以我研究所轉行去念影視，甚至到我現在職業是網路影片創作者，我爸媽都很支持我。直到現在我爸媽還是會給我很多工作上的輔助跟建議，我爸甚至支持我到會一直提供他想到的影片創意給我，每次都用 Facebook 傳訊息給我說他想到一個超好笑的腳本，叫我一定要拍，可是內容都很爛。

之前有一部跟洪都拉斯合作的影片，靈感來源就是我跟我爸

的互動。

HowHow 你的影片廠商看完真的都 OK 嗎？

就像我前面說的，業配文從腳本、影片都需要跟廠商來回確
認過很多次才可以上傳，所以其實廠商他們都是 OK 的啊！
（含淚說 OK）。其實會主動找我的廠商，幾乎都是想要跟我
的風格合作。所以我倒是還沒遇過完全打槍我腳本的廠商。
（修飾一定會的，但是主要的劇情廠商幾乎都接受）。其實
我很開心越來越多廠商對於影片風格有越來越高的接受度，
這樣對於創作者也有更多的創意發想空間。廠商都希望這合
作的影片成效要好，其實創作者更希望自己做出來的影片被
大家喜歡。所以廠商們，信任我們創作者吧！

為什麼你會自稱金城武呢？

咦？看我的臉，這不用問了吧。

為什麼 HowHow 你都是一個人在拍影片呢？

嗚嗚，因為，沒朋友……

不是啦！其實我有時候會找我大學的朋友一起來拍哦，但是現在大家都各自有各自的事情要忙，所以也比較難找到大家。自己一個人也拍習慣了，所以目前我都還是自己一個人在拍影片。自己拍影片有自己拍影片的好處，一個人拍機動性很高。想拍隨時拿相機腳架就可以拍了，不用呼朋引伴喬時間。但一個人拍就很無聊，很多的畫面也會因為只有一個人而有所侷限。所以可以的話我還是比較想要有一個團隊可以一起陪我來玩，一群人拍影片還是比較有趣啊！

沒有靈感的時候該怎麼辦呢？

靈感不像是打字幕，並不是時間花越久、靈感就想越多。有時候靈感一下可跑出一堆，有時候怎麼生就是生不出來。如果沒有靈感，我會先做其他事情，看看書、看看電影，或者出去走走。對我來說硬去想一個點子，我只會不小心把自己

以前用過的點子拿來使用，這樣不管怎麼想，都會是老梗。
放鬆心情之後，我會試著讓自己暫時跳出既有的思維，思考
看看有沒有其他的創作元素是可以被我使用的。

最喜歡的 YouTuber 是誰？

我最喜歡的 YouTuber 叫做「Ryan Higa」，他的 YouTube
頻道叫做 NigaHiga。我非常欣賞他們的創意以及拍攝方式。
他頻道裡有很多影片我看完都會不禁讚嘆為什麼可以想出這
麼意想不到的創意或者劇情，是一個非常厲害的創作團隊。
台灣我很喜歡一位創作者叫做「正港奇片」，他是一位網路
漫畫家，我非常喜歡奇片對於超展開劇情的創意。其實我很
多創作影片的思維，都是受正港奇片所影響。很多創作時候
我在撰寫影片腳本，我會去想說，如果我是奇片，我會怎麼
發展接下來的劇情呢？正港奇片絕對是影片創作上很重要的
啟蒙者之一。

拍小朋友有沒有遇過什麼趣事呢？

拍攝小朋友的經驗非常特別，因為拍攝小朋友，不只要身兼攝影師、導演、編劇，重點是還要當風紀股長，一直要管秩序。很多人都會問小朋友的爸媽會反對小孩子入鏡嗎？其實我拍到現在，都沒有遇到爸媽反對的例子。反而是在拍影片的時候，希望每個小孩都可以入鏡，因為會擔心沒入鏡的小孩家長會來抗議說為什麼我的孩子沒有在影片裡面啊！我2016 年拍了一支母親節的影片，我訪問小朋友對於媽媽的想法。後來我看到一個家長分享我這支影片，並且寫說「謝謝導演用影片幫我們記錄小朋友最真實的童年。」我當下有點受寵若驚！對於家長來說，一般都只會用照片記錄小孩子的生活，或者側錄小朋友的表演。但很少家長能夠記錄到小孩與同學在學校互動的片段。我在拍攝小朋友並分享這些童言童語給網友的同時，也一併記錄下這些對家長來說最珍貴的回憶。

成名之後跟之前的生活有沒有什麼不一樣呢？

其實我自己覺得好像也沒什麼差別，過的生活幾乎是跟我學生時期一樣。頂多就是我可能在路上會被眼尖的網友認出來吧。但因為我自己台前台後一樣邋遢，所以我也很不怕在路上被網友們認出來。很多人都會好奇 YouTuber 平常都在幹嘛，其實真的沒在幹嘛，就跟你、跟他還有她一樣，過著簡單的生活。

HowHow 我也想出國去念影像，請問你在美國研究所學到很多東西嗎？

當初退伍後，毅然決然跑到美國去念視覺特效。對於一個大學主修是經濟系的我來說，這是一個非常大的挑戰和決心。在美國念書時，我花了一學期在修大學部的課程藉此來彌補自己不管在軟體或者美術方面上的不足。在念研究所的兩年半，我把大部分的時間在花在課業、論文以及 YouTube 上面，老實說我並沒有好好地去享受在國外念書的生活。其實

在國外還是會學到新東西，可是我覺得最重要的還是那份經驗。所以學影像一定要出國嗎？這點就見仁見智囉！很多的製作影像的資訊和知識，網路上或者書籍都有。

我在念研究所的時候，一定也要花很多時間在網路上自己學習，因為只是學老師教的東西根本不夠。所以如果你真的很想學好這塊，但又沒辦法出國唸書，其實很多網站都有付費或者免費的課程哦！我非常推薦 digitaltutors.com 這個網站，我唸書時很多時間都是在這個網站自學。雖然他是付費網站，也是全英文，但裡面非常多軟體的教學，課程循序漸進，講者講的英文也不難，有興趣的人可以參考看看。videocopilot.net 又是一個非常棒的網站，這是一個以 After Effects 為主的網站，裡面的教學影片也是由淺入深，重點是教學影片都是可以免費觀看的哦！

後記

　　還記得大學四年級下學期的時候，我在發起了要舉辦第一屆經濟系畢業公演的想法。這畢業公演原則上就是一個由系上大四學生籌備並且開放給全校看的表演，這個表演裡面有話劇、跳舞、吉他、串場影片等等。之所以是第一屆，因為我們系上從來沒有即將畢業的大四生舉辦過這種表演，未來或許也不會有，但當時我會想要舉辦這個表演，只有一個原因，因為我還沒有準備好接受即將長大的事實。我認為只要畢業出社會了，就好像再也沒有這種機會可以想腳本、拍影片、或者在舞台上表演，再也沒有機會做一些好像只有學生才有權利做的事情。所以我趁著畢業前，拚命地想抓住所謂青春的尾巴，把自己所剩的青春熱血一次燃燒殆盡。

誰知道這股青春熱血不只沒有被燃燒殆盡，反而越燒越旺。大五延畢去當交換學生的那學期，我也是因為這股青春熱血，即使只有一個人，還是繼續拍影片記錄自己在美國的生活。

　　當時對我來說，長大即是妥協，妥協這個世界所給的價值觀。大家都說畢業後就是該收心不要再玩了，要好好想自己的未來。可是為什麼我們正在玩的東西，就不能是我們的未來呢？電影「熔爐」裡面有一段話，讓我非常印象深刻。

　　「我們一路奮鬥，不是為了改變世界，而是為了不讓世界改變我們。」

　　從小這個社會一直灌輸我們普世所認定對的價值觀，告訴我們要走在所謂對的道路上面。可是他們從來沒有問過我們到底喜歡什麼？內心想要追求什麼？我一直活到二十四歲，才第一次勇敢去追求自己真正喜歡的事物。我很慶幸我當初做了這個決定，我才有機會能夠把喜歡的事情當成工作，也才有機會可以寫書給大家看。就算我當時失敗了，又如何？至少我挑戰過，至少我問心無愧。失敗了，再爬起來就好。最怕的是我連挑戰的勇氣都沒

有。

　　我還記得有一次去某一個公司演講，分享這個想法。結束後有一個聽眾傳訊息給我，他跟說我「人在江湖，身不由己。因為現實的壓力沒辦法去做自己最喜歡的事情。」但同時他也把他正在經營的 YouTube 頻道傳給我看。在他的影片裡，我看到是那股不妥協的精神。即使沒辦法把拍影片當正職，但至少他沒有放棄。我想很多人一定也有同樣的情況吧，因為現實的因素，或者家裡的原因不得不妥協，但又不願屈服，於是用力抓住任何一絲創作的機會。謝謝你們，為這個世界貢獻了更多的精彩。

　　最後希望大家喜歡這本書，希望大家看完不管是對於創作或者人生，都有一些新的想法。

　　那就這樣啦，我們下次見！ㄅㄅ！

HowHow 陳孜昊

高寶書版集團
gobooks.com.tw

新視野 New Window 167

How Fun！如何爽當 YouTuber：一起開心拍片接業配！

作　　者　HowHow 陳孜昊
責任編輯　吳珮旻
封面設計　森白設計
美術設計　森白設計
內頁排版　趙小芳
企　　劃　荊晟庭

發 行 人　朱凱蕾
出　　版　英屬維京群島商高寶國際有限公司台灣分公司
　　　　　Global Group Holdings, Ltd.
地　　址　台北市內湖區洲子街 88 號 3 樓
網　　址　gobooks.com.tw
電　　話　(02) 27992788
電　　郵　readers@gobooks.com.tw（讀者服務部）
　　　　　pr@gobooks.com.tw（公關諮詢部）
傳　　真　出版部　(02) 27990909　行銷部 (02) 27993088
郵政劃撥　19394552
戶　　名　英屬維京群島商高寶國際有限公司台灣分公司
發　　行　希代多媒體書版股份有限公司 /Printed in Taiwan
初版日期　2018 年 1 月
二　　版　2018 年 1 月

國家圖書館出版品預行編目（CIP）資料

How Fun！如何爽當 YouTuber：一起開心拍片接業配！
/ 陳孜昊 著 . -- 初版 . -- 臺北市：高寶國際出版：
　希代多媒體發行 , 2018.01
　　面；　公分 . -- (新視野 167)

ISBN 978-986-361-483-8（平裝）

1. 網路產業　2. 網路媒體

484.6　　　　　　　　　　　　106023758

U0046268